彩图1 ‘热研1号’油茶植株

彩图2 ‘热研1号’油茶花形态

彩图3 ‘热研1号’油茶的果实及种子

彩图4　幼龄油茶园间作柱花草

彩图5　幼龄油茶园间作花生

彩图6　幼龄油茶园间作菠萝

彩图7　油茶炭疽病病叶

彩图8　油茶软腐病病叶和病果

彩图9　油茶煤污病病叶

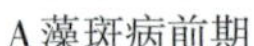

A 藻斑病前期

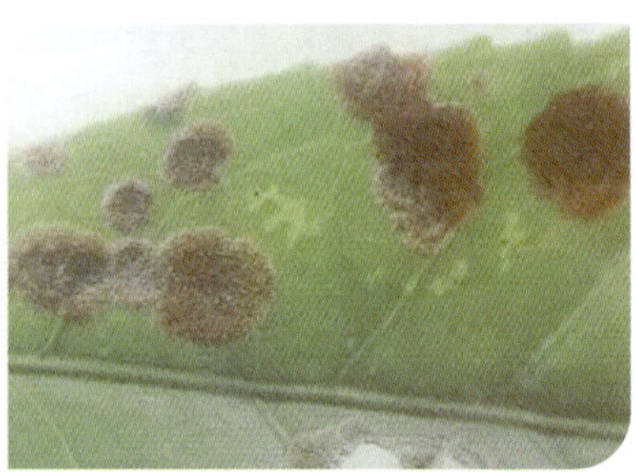

B 藻斑病后期

彩图10　油茶藻斑病病叶

彩图11　油茶根腐病受害植株根部

彩图12　油茶根腐病病株地上部分

彩图13　绿鳞象甲

彩图14　自然晾晒脱蒲

“十四五”时期国家重点出版物出版专项规划项目

海南热带特色高效农业实用技术丛书（第二辑）

海南省农业农村厅　海 南 省 教 育 厅
海南省科学技术协会　海南省妇女联合会　编

海南油茶高产栽培技术

贾效成　徐玉芬　于钊妍　刘艳菊　编著

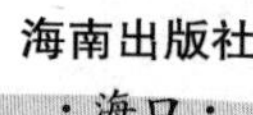

海南出版社

·海口·

图书在版编目（CIP）数据

海南油茶高产栽培技术 / 贾效成等编著. -- 海口 ：海南出版社，2024. 11. --（海南热带特色高效农业实用技术丛书）. -- ISBN 978-7-5730-2081-9

Ⅰ. S794.4

中国国家版本馆CIP数据核字第2024K1Y591号

海南油茶高产栽培技术

HAINAN YOUCHA GAOCHAN ZAIPEI JISHU

贾效成　徐玉芬　于钊妍　刘艳菊　编著

责任编辑：项　楠　陈淑芸
封面设计：黎花莉
出版发行：海南出版社
地　　址：海南省海口市金盘开发区建设三横路2号
邮　　编：570216
电　　话：（0898）66821839
印　　刷：海南雅迪印刷有限公司
版　　次：2024年11月第1版
印　　次：2024年11月第1次印刷
开　　本：889 mm × 1 240 mm　　1/32
插　　页：3页
印　　张：3.125
字　　数：79千字
书　　号：ISBN 978-7-5730-2081-9
定　　价：10.00元

如有质量问题，影响阅读，请与海南出版社联系调换。
联系电话：（0898）66822026

#《海南热带特色高效农业实用技术丛书》编辑委员会

前 言

海南自由贸易港60%的人口、80%的土地在农村，“三农”工作任重道远，同时海南拥有全国一半面积的热带土地，发展热带特色高效农业前景广阔。习近平总书记高度重视海南热带特色高效农业发展，先后做出海南要“做强做精做优热带特色农业，使热带特色农业真正成为优势产业和海南经济的一张王牌”，要聚焦发展热带特色高效农业在内的四大产业，加快构建现代产业体系等一系列重要指示，为海南加快热带特色高效农业发展指明了方向。2018年4月13日，习近平总书记出席庆祝海南建省办经济特区30周年大会并发表重要讲话指出：“海南是我国唯一的热带省份。要实施乡村振兴战略，发挥热带地区气候优势，做强做优热带特色高效农业，打造国家热带现代农业基地，进一步打响海南热带农产品品牌。”

近年来，海南重点打造六大热带农业“特色名片”（国家南繁科研育种基地、国家冬季瓜菜生产基地、热带水果生产基地、热带作物生产基地、现代渔业生产基地、特色畜禽生产基地），热带特色高效农业取得新成效。2022年，热带特色高效农业增加值突破千亿元，为海南经济高质量发展作出了较大贡献。

海南热带特色高效农业持续高质量发展离不开先进技术的支撑和高素质“三农”队伍的培育。为此我们结合新形势新要求精心修订再版《海南热带高效农业实用技术丛书》，并更名为《海南热带特色高效农业实用技术丛书》。本丛书出版发行20余年来，以其技术先进、通俗易懂、实用对路深受广大农民、农业科技工作者、农业企业以及农业院校师生欢迎，成为海南农业发展的好帮手。此次再版，我们注重根据海南热带特色高效农业发展情况调整分册编排、书名，同时吸收国内外最新技术、方法，使本丛书指导性、实用性更强。

本丛书由海南省农业农村厅、海南省教育厅、海南省科学技术协会、海南省妇女联合会联合组织编写，邀请中国热带农业科学院、海南大学、海南省农业科学院、海南省海洋与渔业科学院、海南省农技推广中心等单位活跃在科研、教学和农技推广一线的专家、学者担任分册主编，内容覆盖热带特色高效农业各重点产业和品种，突出“实用技术”的特点，以期为广大农业生产者、农业科技工作者和政府部门做好服务，为端稳全国人民冬季“菜篮子”和热带“果盘子”提供科技支撑。

此次再版，可能还有一些不尽如人意的地方，恳请专家和读者，特别是广大一线农技推广工作者和农民朋友多提宝贵意见，以利于我们择机再行修订。

《海南热带特色高效农业实用技术丛书》编辑委员会

2023年5月

目　录

第一章　油茶概况

本章提要与学习指导

本章主要介绍了油茶主要品种的生物学特性和生长习性，并且介绍海南油茶的历史渊源和海南油茶产业发展的基本现状。学习本章应了解油茶主要品种的特点，以及海南优良母树的特点。

第一节　油茶生物学特征

油茶是山茶科山茶属植物中富含油脂的物种的统称，是我国特有的国家级特色资源，它与核桃、油桐及乌桕并称为我国四大木本油料树种，与油棕、油橄榄及椰子并称为世界四大木本油料植物。我国已有2300多年的油茶栽培和利用历史，油茶具有较高的营养价值、药用价值、经济价值及生态价值等，资源开发利用潜力大，应用前景广阔。油茶种子榨取的茶油是深受群众喜爱的优质食用油，茶油脂肪酸结构合理，不仅有利于身体健康，还适合中国传统高温烹饪，社会认可度高，具有“东方橄榄油”之称。同时，茶油富含多种营养成分，内服、外用均具多种功效，有清热化湿、杀虫解毒的作用，对提高人体免疫力、预防心脑血管疾病等也具有明显作用，其加工副产品在食物疗法、医学药用、日化用品等方面的应用也日益广泛。油茶为常绿小乔木或灌木，喜酸性土壤，根系发达，耐瘠薄，能适应山地和丘陵地区生长环境，种植油茶可改善生态环境、美化山区面貌，生态效益显著。此外，油茶有“不与农争地、不与人争粮”的独特优势和发展潜力，有“一年种植、多年收益”的特点。充分利用各类适宜的非耕地国土资源扩大油茶种植面积，加强对现有低产低效油茶林改造，大幅提高茶油产量，是增加国内食用油供给的重要途径，也是维护国家粮食安全的重要方法。

油茶的休眠期短，12月至次年2月为休眠期，3~5月是抽梢长叶的旺盛期，4~9月是花芽分化和果实迅速增长期，10~12月是开花期和果实成熟期。我国油茶资源极为丰富，主要分布在长江流域及以南的地区，大面积栽培的有20多种，主要包括普通油茶、小果油茶、越南油茶、浙江红花油茶、腾冲红花油茶、攸县油茶等。部分品种的生物学特征、生长习性、资源特点等基本情况如下。

1. 普通油茶

普通油茶常为灌木或小乔木，幼枝被粗毛；叶革质，椭圆形或倒卵形，长5~7厘米，先端钝尖，基部楔形，下面中脉被长毛，侧脉5~6对，具细齿；叶柄长4~8毫米，被粗毛；花顶生，白色，花瓣5~7枚，倒卵形；花柱顶端3裂；蒴果球形，径2~5厘米；果爿厚3~5毫米；每果1~2粒种子。花期10月至次年2月，果期次年9~10月。

该种是分布面积最广、栽培历史最久、占油茶总产量最多的山茶属油用品种。长江流域到华南各地广泛栽培，海南海拔800米以上的原始森林中有野生种。它具有适应性强、适生区广、经济寿命长、结实稳定、含油率高、籽油品质好等特点，其种仁含粗脂肪酸40%以上，籽油中不饱和脂肪酸含量高达90%以上，油酸含量80%以上。

2. 小果油茶

小果油茶常为小乔木，嫩枝或被柔毛；叶片小，长椭圆形至阔椭圆形，先端钝尖至渐尖，基部楔形至圆形，长2~7厘米，宽2~3.5厘米，叶缘具疏锯齿；叶柄长2~5毫米，被长柔毛或微柔毛；花白色，偶见粉色，顶生或腋生，花瓣5~9枚，倒卵形，先端微裂，基部与雄蕊柱分离；花柱无毛，先端3~5深裂；蒴果圆球形、扁圆球形、桃形、橄榄形等，径1.3~4.3厘米，成熟时果皮为红色、黄色、绿色等；果爿厚1.3~2毫米；每果1~2粒种子。盛花期10~11月，次年10~11月果实成熟。

它的适应性和抗油茶炭疽病较强，产量较稳，栽培面积和年产量仅次于普通油茶，为全国第二位。与普通油茶相比，该种果径小、果皮薄。果实的出籽率和含油率较高，但一般低于普通油茶，且果实采摘较为复杂。其鲜出籽率多在60%以上，种仁含油率为36%~55%，籽油不饱和脂肪酸含量88%~94%、油酸含量75%~84%。

3. 越南油茶

越南油茶又称华南油茶、陆川油茶、高州油茶和大果油茶，常为灌木或小乔木，高2~4米，小枝灰褐色，无毛；叶革质，椭圆形，长5~8厘米，宽3~4.5厘米，先端尖锐，基部圆钝，侧脉8~9对，边缘密生细小钝锯齿；叶柄长5毫米；花腋生及顶生，几乎无柄，白色，直径6~7.5厘米；苞片及萼片10~20片，外被柔毛，花开放时即脱落；花瓣7~8枚，倒卵状三角形，先端2裂；子房3~5室，外被茸毛；花柱5条，完全分离；蒴果梨形或卵状球形，直径4~7厘米，果爿木质，厚6~8毫米，中轴多边形；每室种子1~4粒，褐色。花期12月。

越南油茶在我国主要分布于广东、海南等地，其生态适应性好、植株高大、枝叶茂密，可用于绿化荒山、涵养水源、保持水土。种内遗传变异程度高，单株产量较高，但大小年明显。种仁含油率较高，粗脂肪酸含量40%以上，籽油中不饱和脂肪酸含量

85%以上，油酸含量80%以上。

4. 香花油茶

香花油茶常为灌木，低分枝，树皮浅红色，不剥落。嫩枝灰褐色，被浅黄色柔毛，老枝红褐色，无毛；叶革质，倒卵形、倒卵状椭圆形或长圆形，长3.5~6厘米，宽1.8~3.5厘米，先端圆，具短尖或急缩尾尖，侧脉7~9对，边缘具细锯齿，锯齿自尾尖边缘至近叶基处；叶柄纤细，长3~5毫米，背面有短丝毛，腹面仅边缘被毛；花2~3朵簇生于叶腋，白色，无梗，直径2.5~3厘米；花瓣至少6枚，易脱落，最外面的1枚由苞被向花瓣过渡，下部革质，上部膜质，革质部分外面略被毛，其余花瓣均为膜质，倒卵形至长圆状倒卵形，长1.2~2.2厘米，宽0.9~1.5厘米，先端2裂；花柱长7~8毫米，基部被短丝毛，柱头3裂，中轴胎座，3室，每室胚珠3~5个，子房室常出现败育；蒴果球形，有近倒卵形，宽1.7~2.5厘米，高2~4厘米；果干时3片开裂，常1~2室发育，每室1粒种子。花期10~12月。

香花油茶在广西、广东、海南等地均有分布，不易受低温、高温的伤害，喜光，喜温暖湿润气候，在半阴环境中也能生长良好，在红壤、黄红壤等酸性或微酸性的土壤上种植均能正常生长发育。该种四季常绿，树形美观，枝叶繁茂，花期持久、花量大，可作为园林景观树种，具有生长量大、萌芽力强、果期长、结果量大、果实小等特点。种仁含油率高，达40%以上，籽油不饱和脂肪酸含量85%以上，油酸含量80%以上。

5. 浙江红山茶（浙江红花油茶）

浙江红山茶为小乔木，高6米，嫩枝无毛；叶革质，椭圆形或倒卵状椭圆形，长8~12厘米，宽2.5~5.5厘米，先端短尖或急尖，基部楔形或近于圆形，侧脉约8对，边缘3/4有锯齿；叶柄长1~1.5厘米，无毛；花红色，顶生或腋生单花，直径8~12厘米，无柄；花瓣7枚，最外侧2片倒卵形，长3~4厘米，宽2.5~3.5厘米，内侧5片阔倒卵形，长5~7厘米，宽4~5厘米，先端2裂；子房无毛，花柱长2厘米，先端3~5裂；蒴果卵球形，果宽5~7厘米，先端有短喙，下面有宿存萼片及苞片，果爿3~5爿，木质，厚1厘米，中轴3~5棱，长3厘米；每室种子3~8粒，长2厘米。花期2~4月，果期8~9月。

浙江红山茶主要分布于浙江、江西、湖南、湖北、安徽和福建的海拔800米以上的高海拔地区，在高海拔和低海拔地区均能生长，但在海拔600米以上地区结果表现良好。该种适应性强，花大、花红色，树皮灰白色，极具观赏性，是优秀的园林树种，具有耐寒、耐瘠薄，果实大，含油量高，油质好等特点。种仁含油率比普通油茶高出5%~10%，高达50%以上，籽油油酸含量在85%以上。

6. 南山茶（广宁红花油茶）

南山茶为小乔木，高8~12米，胸径50厘米，嫩枝无毛；叶革质，椭圆形或长圆形，长9~15厘米，宽3~6厘米，先端急尖，基部阔楔形，侧脉7~9对，边缘上半部或1/3有疏而锐利的锯齿；叶柄长1~1.7毫米，粗大，无毛；花顶生，红色，无柄，直径7~9厘米；花瓣6~7枚，红色，阔倒卵圆形，长4~5厘米，宽3.5~4.5厘米，基部连生7~8毫米；子房被毛；花柱长4厘米，顶端3~5浅裂，无毛或近基部有微毛；蒴果卵球形，直径4~8厘米，每室种子1~3粒；果皮厚木质，厚1~2厘米，表面红色，平滑，中轴长4~5厘米；种子长2.5~4厘米。花期12月至次年2月，果期次年10月。

本种主要分布于广东、广西及福建等地，其对生长条件的要求与越南油茶相近，喜高温、高湿的南亚热带气候，自然分布地区比越南油茶偏北一些。该种花色鲜艳，花型漂亮，叶片大，树体高大、美观，是优良的美化环境的树种。它是我国栽培的红花油茶种类中果实最大、果壳最厚的种类，出籽率比普通油茶低得多，但果大，种子大，种仁含油率高，油脂品质好，种仁粗脂肪含量高达60%以上，籽油不饱和脂肪酸含量90%以上，油酸含量在85%以上。

7. 滇山茶（腾冲红花油茶）

滇山茶为灌木或小乔木，有时高达15米，嫩枝无毛；叶阔椭圆形，长8~11厘米，宽4~5.5厘米，先端尖锐或急短尖，基部楔形或圆形，侧脉6~7对，边缘有细锯齿；叶柄长8~13毫米，无毛；花顶生，直径10厘米，无柄；花瓣红色，6~7枚，最外侧1片近似萼片，倒卵圆形，长2.5厘米，其余各片倒卵圆形，长5~5.5厘米，宽3~4厘米，先端圆或微凹入，基部相连生约1.5厘米，无毛；子房有黄白色长毛；花柱长3~3.5厘米；蒴果扁球形，高4.5厘米，宽5.5厘米，果爿厚7毫米；种子卵球形，长约1.5厘米。花期1~2月，果期9~10月。

该种树体高大，花大色艳，天然资源变异丰富，栽培广泛，品种繁多，是颇受国内外茶花界关注的观赏树种。该种具有成果率高、结实力强、果实大、果皮厚、油质好、含油率高的特点。种仁粗脂肪含量高达50%以上，籽油不饱和脂肪酸含量85%以上，油酸含量在75%以上。受气候影响，滇山茶在华东地区受炭疽病影响严重，开花逐年退化而导致无产量。

8. 红皮糙果茶

红皮糙果茶常为小乔木，高5~7米，树皮红色，嫩枝无毛；叶硬革质，倒卵状椭圆形至椭圆形，长8~12厘米，宽4~5厘米，先端短尖，基部楔形，边缘有细钝齿，叶柄长6~10毫米，无毛；花顶生，单花，直径7~10厘米；花冠白色，花瓣6~8枚，倒卵形，长3~4厘米，宽1~2.2厘米，基部连生4~5毫米；子房有毛；花柱

3条，长1.5厘米，有毛；胚珠每室4~6个；蒴果球形，直径6~10厘米，果皮厚1~2厘米，干后疏松多孔隙，每室种子3~5粒。花、果期在9~12月。

本种耐寒性比越南油茶和南山茶都差，低气温时能开花，但结果不良。该种花果较大，常作为庭院景观树种，结实率中等，籽油橘黄色稍带涩味，种仁粗脂肪酸含量35%以上。

9. 多齿红山茶（宛田红花油茶）

多齿红山茶为小乔木，高8米，嫩枝无毛；叶厚革质，椭圆形至卵圆形，长8~12.5厘米，宽3.5~6厘米，先端阔而急长尖，基部圆形，侧脉6~7对，边缘密生尖锐细锯齿；叶柄粗大，长8~10毫米，无毛；花顶生及腋生，红色，无柄，直径7~10厘米；苞片及萼片15片，花瓣6~7枚，最外侧2片倒卵形，其余各片阔倒卵形，外侧有白毛，基部连成短管；子房3室，被毛；花柱长2厘米；蒴果球形，直径5~8厘米；种子9~15粒。

本种抗病性好，树体高大，树势开张，花朵稠密，果实比浙江红山茶大，果面粗糙，具较高的观赏价值和油用价值。种仁含油率高，种仁粗脂肪含量高达40%以上，籽油不饱和脂肪酸含量85%以上，油酸含量在80%以上，平均每亩（1亩≈667平方米）产油15~17千克，但有些地方引种栽培产量很低。

10. 西南红山茶

西南红山茶为灌木至小乔木，高达7米，嫩枝无毛；叶革质，披针形或长圆形，长8~12厘米，宽2.5~4厘米，侧脉6~7对，边缘有尖锐粗锯齿；叶柄长1~1.5厘米，无毛；花顶生，红色，无柄；苞片及萼片10片，花瓣5~6枚，花直径5~8厘米，无毛；子房有长毛；花柱长2.5厘米，基部有毛，先端3浅裂；蒴果扁球形，高3.5厘米，宽3.5~5.5厘米；每果有5~12粒种子，种子半圆形，长1.5~2厘米，褐色。花期2~5月。

本种分布范围广，种质资源极为丰富，四川、重庆、湖南、广西、云南和贵州等地均有分布，具有结实力强等特点。果实中等大小，含油率高，鲜出籽率34%~45%，出仁率45%~64%，种仁含油率约52%，籽油不饱和脂肪酸含量在85%以上，油酸含量在75%以上。

第二节　海南油茶的历史渊源

海南气候独特，为中国油茶资源分布的最南缘，海南油茶属于越南油茶的特殊生态类型或变种，与其他省份广泛种植的普通油茶在籽油品质上存在明显差异，被誉为中国茶油系列中的“王中之王”，开发潜力巨大，近年来备受关注。

海南油茶资源丰富，有野生油茶原生种分布，栽培历史悠久。“南溟奇甸”是明朝开国皇帝朱元璋对海南岛的称呼，他揭开了海南岛大开发的序幕。许多福建、广东、广西的百姓在政府的鼓励下，大量移居海南岛，带来了先进的生产技术和农业物种。也许正是这个阶段，油茶被引入到了海南岛。明朝正德年间，海南才子唐胄撰写的《正德琼台志》就曾提到：“山柚　文昌多。花白，即闽中茶油。”海南油茶以“山柚”之名被记载，可见海南油茶种植历史之悠久。山柚油不仅深受汉族地区人民的喜爱，也传到了黎族地区。清代《光绪崖州志》记载：“山油，黎人每种。取其子打油，香气袭人。又名木油。”而且在海南地名里，以“山柚”命名的地域也不少，如琼海市万泉镇山柚脚村、屯昌县南坤镇山柚坡、文昌市山柚林，这足以说明“山柚”与海南的缘分。

第三节 海南油茶产业发展现状

20世纪80年代，海南大力发展油茶种植，种植面积达20余万亩，到90年代受橡胶价格驱动，大量油茶林改种橡胶，油茶林保有面积不足2万亩，年产茶油仅有80吨。2005年以来，海南本地产的茶油价格飙升，带动了种植户种植油茶的热情。2015—2020年海南省各市县新增油茶林面积见表1。2022年，海南省油茶种植面积为10.3万亩，茶油产能0.1万吨。

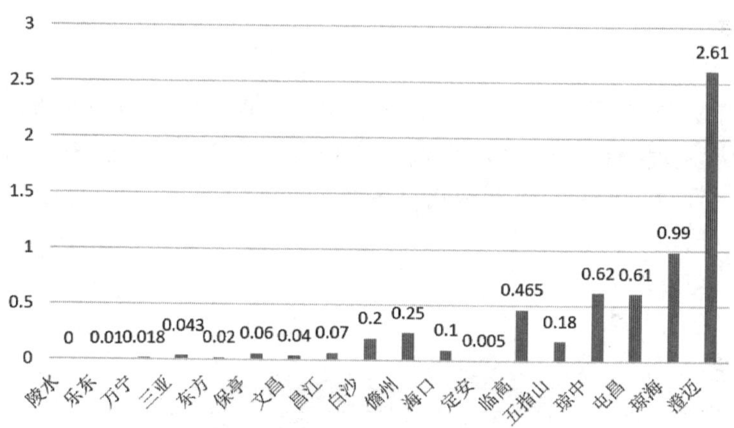

表1 2015—2020年海南省各市县新增油茶林面积（单位：万亩）

目前，油茶是海南省重点发展的热带特色高效农业“六棵树”之一，国家林业和草原局、国家发展和改革委员会、国家财政部联合印发的《加快油茶产业发展三年行动方案（2023—2025年）》将海南列为全国油茶重点拓展区之一，并提出：到2025年，海南省油茶种植面积达91.2万亩和茶油产能2万吨。《海南省油茶产业发展规划（2017—2025）》的总体目标是要把油茶产业打造成海南省具有区域特色的优势产业和富民强省的支柱产业。计划到

2025年，全省新种油茶30万亩，油茶总面积发展到36万亩（含高产示范林1万亩），无性系良种覆盖率达到85%以上，“三品”认证油茶园面积达到70%以上。山柚油年产量6000吨，油茶产值25亿元，油茶综合加工产值25亿元，油茶产业总产值达到50亿元。2030年后，油茶产量达到12000吨，山柚油产值达到60亿元，茶油精深加工和茶枯、种壳、果皮等综合加工以及旅游、休闲度假等综合产值40亿元，油茶产业总产值将达100亿元。

一、海南油茶种植现状

截至2020年底，海南省油茶林种植的主产区为澄迈、琼中、琼海、屯昌4个市县，种植面积占全省总种植面积的73.58%。全省建成油茶良种采穗圃260亩，育苗基地12个，苗圃面积650亩，年可培育油茶苗650万株。全省油茶种植企业23家，合作社15个，种植大户64个，小农户8195个。海南省2020年各市县油茶相关数据见表2和表3。

表2　2020年海南省各市县油茶资源表

序号	地区	油茶种植面积/万亩					油茶籽产量/吨	良种苗木产能/万株
		按产期划分				低产林面积		
		产前期	初产期	盛产期	衰产期			
1	澄迈	1.8	0.9	0.6	0.3	1.3	162	200
2	琼海	1.2	0.6	0.15	0.54	1.17	148	100
3	屯昌	0.8	0.4	0.3	0.3	0.9	74	0
4	琼中	0.6	0.4	0.1	0.06	0.51	51	100
5	五指山	0.4	0.2	0.1	0.12	0.38	51	0

续表

序号	地区	油茶种植面积/万亩					油茶籽产量/吨	良种苗木产能/万株
		按产期划分				低产林面积		
		产前期	初产期	盛产期	衰产期			
6	临高	0.35	0.086	0.024	0.04	0.27	0	0
7	定安	0.2	0.1	0.1	0.09	0.29	135	100
8	海口	0.2	0.1	0.1	0.05	0.2	54	100
9	儋州	0.2	0.1	0.02	0.02	0.13	17	0
10	白沙	0.14	0.1	0.01	0.02	0.115	24	0
11	昌江	0.01	0.02	0	0.06	0.075	0	0
12	文昌	0	0.02	0	0.06	0.07	0	50
13	保亭	0	0.02	0	0.05	0.06	0	0
14	东方	0	0.02	0	0.04	0.05	0	0
15	三亚	0.038	0.005	0	0.002	0.012	0	0
16	万宁	0	0	0	0.02	0.02	0	0
17	乐东	0.01	0.001	0	0.002	0.002	0	0
18	陵水	0	0	0	0.002	0.002	0	0

表3 2020年海南省油茶籽年产量、茶油年产量和年总产值统计表

地区	油茶籽年产量/吨	茶油年产量/吨				年总产值/万元
		总产量	加工企业		家庭作坊产量	
			产能	实际产量		
琼海	148	24.9	20	13	11.9	2490
屯昌	74	13.6	20	10	3.6	1360
澄迈	162	26.8	30	17	9.8	2680

续表

<table>
<tr><td rowspan="3">地区</td><td rowspan="3">油茶籽年产量/吨</td><td colspan="4">茶油年产量/吨</td><td rowspan="3">年总产值/万元</td></tr>
<tr><td rowspan="2">总产量</td><td colspan="2">加工企业</td><td rowspan="2">家庭作坊产量</td></tr>
<tr><td>产能</td><td>实际产量</td></tr>
<tr><td>五指山</td><td>51</td><td>8.6</td><td>10</td><td>5</td><td>3.6</td><td>860</td></tr>
<tr><td>琼中</td><td>64</td><td>10.7</td><td>15</td><td>8</td><td>2.7</td><td>1070</td></tr>
<tr><td>定安</td><td>135</td><td>19.4</td><td>10</td><td>5</td><td>14.4</td><td>1940</td></tr>
<tr><td>海口</td><td>54</td><td>8.8</td><td>20</td><td>8</td><td>0.8</td><td>880</td></tr>
<tr><td>儋州</td><td>17</td><td>3</td><td>0</td><td>0</td><td>3</td><td>300</td></tr>
<tr><td>白沙</td><td>24</td><td>4.3</td><td>0</td><td>0</td><td>4.3</td><td>430</td></tr>
<tr><td>合计</td><td>729</td><td>120.1</td><td>125</td><td>66</td><td>54.1</td><td>12010</td></tr>
</table>

二、海南油茶加工产业现状

2020年，海南省油茶加工产业总产值突破1.2亿元，部分茶油品牌获国家级和省级荣誉称号，产品畅销海南全省各市县及上海、北京等地，还出口新加坡、日本等国家。

油茶副产品综合利用与精深加工能力逐步增强，油茶产品种类进一步丰富，研发的深加工产品山柚油洗发水、沐浴露、香皂、洁面棒、面膜、植物精油、爽肤水、足疗茶枯粉等品类整体处于试产阶段。

三、海南油茶品种选育

海南省林业局从2014年开始，联合多家单位，加强与国内油茶著名专家团队及油茶企业的合作，在全省开展了油茶选优工作。

海南省林木种子（苗）总站认定了23个优良母树品种，这些无性系良种是海南油茶产业持续健康发展的重要基础。为进一步保障海南省油茶产业发展三年行动用苗，海南省林业局确定了油茶产业发展三年行动的主推品种，分别为‘琼东2号’‘琼东8号’‘琼东9号’‘海科大1号’‘海科大2号’‘海科大3号’等6个油茶良种和‘热研2号’‘海林1号’‘海大2号’‘万海3号’‘侯臣3号’‘海油4号’‘琼科优1号’等7个油茶生产用种（等同良种使用）。部分优良母树特性如下：

1.‘琼东2号’

海口东山金茂苗木有限公司选育的优良无性系，2016年通过省级审定，良种编号为琼R-SC-CO-001-2016。该品种树势开张，叶面较紧凑，叶片似小羊耳形，长边带齿。果呈梨形，表皮有深沟，糙皮，皮赤灰色，果重约98.23克。每个果有8~10粒籽，籽重约40.01克，籽颜色为黑色，鲜出籽率40.73%，含油率56.18%。花期为11月上旬，花期长。丰产性强，若每亩栽60株，5年产油量可达22千克，盛产期（12年左右）亩产茶油可达75~80千克。适宜在海南东部、中部、南部、北部地区种植。

2.‘琼东8号’

海口东山金茂苗木有限公司选育的优良无性系，2016年通过省级审定，良种编号为琼R-SC-C0-002-2016。该品种树冠伞形展开。果圆形，糙皮，果重101.59克，皮重63.61克。每个果有籽粒8~12粒，籽重37.59克，籽颜色为灰黑色，鲜出籽率37%。花期为10月下旬，花期长。丰产性强，若每亩栽60株，5年产油量可达16千克，盛产期（12年左右）亩产油可达60~70千克。适宜在海南东部、中部、南部、北部地区种植。

3.‘琼东9号’

海口东山金茂苗木有限公司选育的优良无性系，2016年通过省级审定，良种编号为琼R-SC-C0-003-2016。该品种树势旺盛，树冠开张，分枝力强，产量高，抗病性强。果似脐形，扁圆形。果重100.43克，籽重47.06克，鲜出籽率46.85%，含油率52.16%，花期开始于10月中旬，花期长。丰产性强，若每亩栽60~80株，5年产油量可达20千克，盛产期（12年左右）亩产油可达80~85千克。适宜在海南东部、中部、南部、北部地区种植。

4.‘海科大1号’

中南林业科技大学、海南科大林业有限公司选育的优良无性系，2019年通过省级审定，良种编号为琼R-SC-C0-007-2019。该品种属霜降籽类型，树冠伞形，叶椭圆形，叶片深绿色。中果，果实橘形，果皮黄棕色，果重56.14克，单果种子6~14粒，果皮厚0.44~0.56厘米。母株连续3年平均鲜果产量72.35千克以上，鲜出籽率43.89%，含油率46.30%。该品种种仁含油率高、果皮薄、出籽率高、高产、稳产、病虫害少、抵抗强风能力强，适宜在海南中部、东部、北部、西部地区种植。

5.‘热研1号’

中国热带农业科学院椰子研究所选育的优良无性系（见彩图1、2、3），2017年通过省级审定，良种编号为琼R-SC-C0-004-2017。该品种属霜降籽类型，树冠自然圆头形，叶片卵形，叶色深绿。大果，果实橘形，成熟时果皮褐色，粗糙。单果重94.26克，鲜出籽率34.51%，含油率35.96%。进入盛果期以后，按每亩63棵树（3米×3.5米），鲜果含油率5.5%折算，鲜果总产量按理论产量的60%折算，则盛产期亩产油可达60.89千克。该品种丰产、稳产，抗病性强，适宜在海南东北部、中部地区种植。

6.‘热研2号’

中国热带农业科学院椰子研究所选育的优良无性系，2017年通过省级审定，良种编号为琼R-SC-C0-006-2017。该品种属中果型品种，树冠自然圆头形，叶片卵形，叶色深绿。中果，果实橘形，成熟时果皮褐色，粗糙，糠皮。果重67.55克，鲜出籽率32.18%，含油率34.88%；进入盛果期以后，每年每亩产鲜果可达957.47千克以上（鲜果含油率按5.5%计算），折合亩产油可达52.66千克。该品种丰产、稳产，抗病性强，适宜在海南东北部、中部地区种植。

7.‘海林1号’

海南省林业科学研究院、定安高林苗木专业合作社、中国林业科学研究院亚热带林业研究所选育的优良无性系，2017年通过省级审定，良种编号为琼R-SC-CO-010-2017。该品种属霜降籽类型，树冠伞形，叶椭圆形，叶面深绿色，叶背绿色。中小果，果实橘形，果皮青色，果皮厚2.1~3.9毫米，果重27.1克，单果种子2~5粒，鲜出籽率41%，含油率36.2%。该品种果皮薄、出籽率高、高产、稳产、病虫害少、能抵抗强风，适宜在海南东北部、中部地区种植。

8.‘海大油茶2号’

海南大学热带农林学院、琼海市热带作物服务中心选育的优良无性系，2016年通过省级审定，良种编号为琼R-SC-CV-009-2016。该品种树体矮化，叶片长披针形，果实橘形，丰产，鲜出籽率26.23%，含油率29.32%，株产毛油0.78千克。主要物候期为：11月至次年2月为花期，3~4月为坐果期，5~8月为果实迅速膨大期，9~11月为果实成熟期和花芽分化期。茶籽油每克皂化值269.56毫克，每100克碘值71.32克，酸价0.85，过氧化值2.69%。该品种总体上表现为茶籽油耐贮藏、抗氧化性强，脂肪酸碳链短，适宜在海南琼海地区种植。

第二章 油茶栽培管理技术

本章提要与学习指导

本章主要介绍了油茶林地选择与整地技术要点、品种配置技术、栽植技术和抚育管理的技术。通过学习本章，应了解并熟悉林地规划设计和土地整理的方法，掌握油茶品种配置技术要点，熟练掌握油茶栽植技术要点和注意事项，重点掌握不同林龄油茶林的水肥管理以及油茶树体管理的技术要点。

第一节 林地选择与整地技术

林地选择是油茶造林成功、稳产与高产的基础条件。

一、林地与社会环境调查

依据油茶的生物学和生态学特性，参照国家或海南省油茶丰产林建设的相关技术标准与要求，调查与评估拟建设林地的总体状况。

油茶是喜光、喜温的强阳性树种，适宜在pH值4.5~6的酸性土质中生长。油茶耐旱、耐瘠薄，对土壤要求不严，在海南的红壤、黄壤、红黄壤土中均能生长。丘陵、山地中杉木、杜鹃、铁芒萁、马尾松等植物生长良好的土地均可选为油茶造林地，但要使油茶高产、稳产，必须要求林地土层深厚（达80厘米以上）、阳光充足，以阳坡和半阳坡为佳。林地坡向以南向、东向或东南向为佳，坡度以25度以下的中、下坡为宜。高山、长陡坡、阴坡、积水低洼地和油茶林重茬地不能作为油茶造林地。

温度（最高温度、最低温度、活动积温等）、降水量（全年降水量、汛期降水量等）、蒸发量、无霜期、年日照时数、太阳辐射情况、平均风速等气象因子也会影响油茶生长。

也应考虑乡规民约、当地种植习惯等社会环境因素。

二、林地规划

林地确定以后，造林前必须对林地进行规划，尤其是对于较大规模的油茶基地，特别要做好规划设计工作。要根据地形、地貌等因地制宜地进行规划，一般采用1：5000比例尺将造林地范围、面积、大区、道路等测绘成图。规划内容主要包括：机耕道、林道或作业道的规划设计，防护林或绿篱等防护设施的规划设计，蓄水、排灌设施的规划设计，管理用房等其他设施的规划设计。

（一）道路的规划设计

为便于交通运输，较大规模的油茶基地必须设计机耕道，平缓地采用“井”字形网状布局，坡度较大的山区采取放射状布局。机耕道宽3米以上，路基要坚实，路面要平整，略呈中间高两边低的龟背形。机耕道两侧或至少一侧要修排水沟，穿过水沟要埋设涵管。机耕道可沿半山腰、山脊线或山脚走向，要求通达到每个山头，便于机械、化肥农药、其他产品或人员的运送。

由于机耕道的设计可能将整个林地自然划分出若干个大区，为便于后续作业，应再划分若干个小区，小区面积以20~50亩为宜，也可根据林地状况而定。小区之间设计作业道，作业道一般宽1.5~2米。

（二）防护设施的规划设计

有的油茶基地处于某个方位风口处，需要设计防护林来阻挡季风和台风对油茶林产生的危害，防护林应选用高大乔木树种。

油茶基地周围可设计绿篱、砖砌围墙或隔离沟等隔离防护设施，以减少人、畜对油茶林的损害。在开挖隔离沟后，可将沟土堆于园内侧再种植绿篱。

（三）蓄水、排灌设施的规划设计

规模较大的油茶基地，如果条件较好或经营管理水平较高，可规划设计灌溉设施，灌溉设施主要包括蓄水池、抽水管线、灌溉水管线等。蓄水池可设计在一个或几个地势较高的山上，主要管线可沿机耕道、作业道边缘走向进行设计。若林地坡度较大、坡面较长，为防止水土流失，还应规划设计排水沟渠。

（四）其他设施的规划设计

规模较大的油茶基地，为便于管护，应规划设计管护用房等设施，主要包括：管护人员的生活用房，肥料、农药等生产资料的贮藏保管用房，生产工具存放场地，茶果等摊晒的晒坪，产品贮存库等。

三、整地（土地整理）

整地是油茶高质量生产的重要环节。整地可以达到土壤熟化，疏松土壤，提高土壤蓄水能力和通气状况，加速其中有机质的分解的目的，有利于油茶根系的生长发育。整地质量直接影响造林成活率和树体的生长。对于土层浅薄的山地，整地能加速岩石风化和土壤熟化，增加耕作层的厚度，有利于土壤水分的保蓄与增加有机质。

（一）整地时间

整地时间应在造林前的半年或一年，头年的夏、秋季开荒、翻地；8月、9月整地最佳。不宜边整地边造林，不整地不可造林。

（二）整地方式

整地前期要清除林地上的杂草、灌木和树蔸，可以人工清理，也可在整地前1~2个月采用机械处理，不可采用炼山的方式。

整地要根据坡度等地形地貌因素和有利于水土保持等要求，在全垦、带状或块状整地等方式中进行选择。坡度10度以下的平原、岗地或需套种的土地可全垦整地。坡度10~25度的丘陵、低山应采用带状整地，即沿等高线由上向下开挖水平条带，带间距宜3米，带面外高内低，带宽宜2~2.5米，反坡坡度3~5度，条带内侧可挖深、宽各30厘米的竹节沟，竹节沟长度根据株距确定，通常为1.5米左右，以利蓄水保土。带间杂灌全刈。适宜采取水平梯田方式整地的，要在梯田外缘作埂以保持水土。房前屋后的旱地、荒地或“四旁”地可采用穴状整地。整地时需清除树蔸和石块，并与作业道、排灌设施、蓄水设施、工棚等基础设施建设同步进行。整地挖垦深度视土壤情况而定，一般为30厘米左右，利用机械作业的地方，深度可达50厘米左右。

（三）垦穴与基肥埋施

种植穴按株行距定点开挖，稀植林地宜用挖穴，密植林地可挖壕沟。垦穴定点要规整，穴的长、宽、深规格通常不小于60厘米，壕沟要求深、宽各60厘米以上。开穴时应尽可能将表土和心土分别堆放，以利表土回穴。

为满足油茶生长对土壤养分的需求，促使油茶植株尽早投产并达到高产，在栽植前1个月左右，必须在种植穴中施入商品有机肥（有机质含量不少于45%）、饼肥或厩肥等。商品有机肥用量每穴10~15千克，饼肥用量每穴3~5千克，厩肥等农家肥用量每穴20~30千克。饼肥和厩肥等农家肥施入前应充分腐熟以免肥害，还可拌入少量杀虫剂以防病原菌和地下害虫。基肥中宜掺适量磷、钾肥或复合肥以平衡和增强肥效。施肥时先将土、肥充分搅匀回填穴内，再填新土返穴呈高出地面15厘米左右的馒头状。将穴填满呈馒头状能保证温度、湿度达到适宜油茶生长的要求，达到抗旱的目的。植株周边50厘米避免种植或间种其他植物。

第二节　品种配置技术

一、花期和授粉亲和性

选择花期、成熟期一致的无性系配栽是实现油茶高产稳产的关键。油茶花期在当年11月至次年1月之间，不同品种的花期差异很大。油茶品种配置时需要综合考虑盛花期重叠、花粉量和花粉活力等因素，才能筛选出适宜的授粉品种组合。一般在单株树50%~80%的花朵开放时，油茶林中30%以上的植株开花时表明油茶林进入盛花期。油茶具有一定的自交结实能力，但是不同品种进行杂交能够提高油茶产量和品质。目前，对一些主栽品种之间的授粉亲和性只进行了少量研究，大部分还不是很清晰，因此，在品种配置时应主要考虑花期重叠情况。

二、品种选择和配置原则

油茶是异花授粉作物，为提高产量，可选择多个品种进行种植，主栽品种占比60%~80%，配栽品种占比20%~40%。主栽品种应当选择省、市、区审（认）定的油茶良种，并且适宜当地生态环境、经济效益高的品种，具体可以参见《全国油茶主推品种名录》中的海南省品种。配置品种或者授粉品种一般选择与主栽品种花期一致、授粉亲和力高、花粉量大、花粉活力高的品种，也尽量选择已审定或认定的良种，可以保证油茶林的产量。选用和调购的油茶种苗必须是无性繁殖的种苗，并优先选择采用芽苗砧嫁接培育的苗木。种苗供应单位必须具有省级林业主管部门颁发的油茶种苗生产许可证，且能出示省级或省级以上审（认）定的林木良种证或良种使用证明。

品种配置的原则主要是：

①花期相遇原则，即主栽品种与配置品种的盛花期一致。

②高亲和性原则，即配置品种可与主栽品种正常授粉、受精，并正常坐果结实。

③品种数量宜少原则，即主栽品种与配置品种的总数不要超过4个，且所有品种均能完成正常的授粉、受精、坐果和结实，最好选择2个品种配置，其次是3个品种配置，再次是4个品种配置。

海南油茶的主要传粉昆虫为地蜂和中华蜜蜂，林地放养蜜蜂有利于提高油茶坐果率和油茶产量。蜜蜂数量要根据油茶林地大小、栽培品种、栽植密度、气象条件而定，一般5~10亩左右放置1箱蜂。严禁在花期喷施除草剂、农药，尽量保护授粉昆虫。

三、配置方法

油茶造林一般采用多系成行栽植，以双行为佳。每行头上插上标记，便于对应补苗。为了保证不同无性系间互相授粉，应避免单个无性系成大块状或片状造林。

油茶配置方法可以根据地形等因素选择以下几种。

行状配置：主栽品种和配置品种按行进行配置，一行种植一个品种。

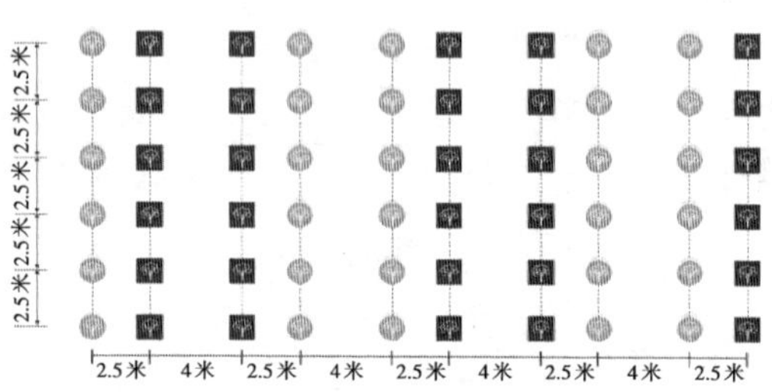

行状配置示意图

带状配置：主栽品种和配置品种按带进行配置，每带栽植一个品种，每带包含2~4行。

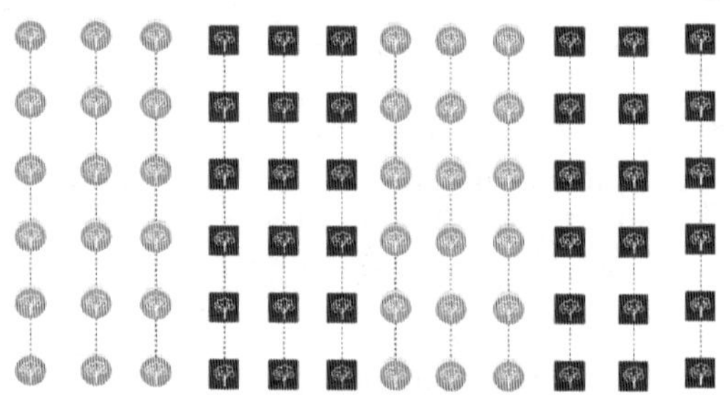

带状配置示意图

小块状配置：主栽品种和配置品种根据地块形状进行配置，一个地块栽植一个品种，一个地块一般不超过3亩。

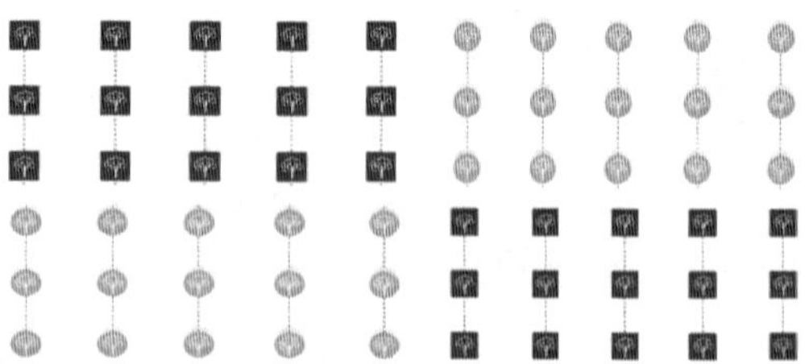

小块状配置示意图

其他配置技术可参考《油茶栽培品种配置技术规程》（LY/T 2678—2016）。

第三节　栽植技术

一、造林时间

应根据种植区气候条件和栽种品种选择适宜的造林时间，一般天气转凉以后至次年苗木叶芽萌动之前均适合造林。热带地区油茶苗造林一般以秋季和早春为宜，即11月下旬至次年3月上旬，此时间段气温相对较低，幼苗不易受高温胁迫。干湿季明显的地区也可在6月初至8月中旬的雨季进行造林，春梢萌芽后再进行造林需严格观察嫩梢的萎蔫情况，必要时可将嫩梢剪掉再造林。

二、苗木选择

油茶小规格苗定植成活率较低，且早期生长慢。为提升造林成活率、促进冠幅形成，提倡采用两年或三年生油茶良种嫁接苗木。

二年生苗高50厘米、地径（嫁接口以上）0.6厘米以上，分枝5个以上，冠幅20厘米×20厘米以上，生长健壮，无明显病虫害及机械损伤。

三年生苗高80厘米、地径（嫁接口以上）1厘米以上，分枝9个以上，冠幅30厘米×30厘米以上，生长健壮，无明显病虫害及机械损伤。

三、密度

常见株行距为4米×4米和4米×5米，每亩栽植33~42株，也可采用株行距4米×6米，以便林间套种农作物，机械化经营，熟化改良林地，同时增加前期收入。

四、种植

选用的容器苗宜生长健壮、根系发达、不穿根，避免长期留床苗。大容器苗木种植，宜选用分枝点较低，具有小树冠的优质苗木。苗木装箱运输要单层摆放整齐，不能堆积，空隙要挤紧，防止苗木滚动造成根团破碎。搬运时要轻拿轻放。栽植坑应较大，坑底要平，以保证容器底与坑底接合紧密。栽苗操作要细致，将苗放至种植穴后要剪开容器袋。苗木要直立于坑中央。回填土要向容器方向四周压实，使土壤与容器紧密接合，切不可向下挤压容器。

补植应采用相同的品种，种植在原位置上。

第四节　抚育管理技术

一、水肥管理技术

合理的水肥管理可以促进油茶的健康生长，提高油茶的产量和含油量，同时也能改善土壤的物理性质，为油茶的可持续发展提供保障。水肥管理方法要因地制宜，不能生搬硬套。油茶春季枝叶大量生长，夏季果实膨大、花芽分化，秋季油脂转化，冬季开花坐果，因此一年四季都要关注油茶的水肥情况。

（一）基本知识

水分是油茶生长的基本需求，尤其是在干季，适宜的水分管理能够显著促进油茶的春梢生长、叶片扩展和根系发育，水分充足可以提高油茶的生理活性，提高光合作用效率，从而促进营养物质的积累和果实发育。水分管理直接影响油茶的果实产量和品质，合理的灌溉可以提高果重、果径和含油率，通过水肥一体化管理技术，可以实现精准灌溉，确保油茶在不同生长阶段获得适量的水分，提高油茶的抗旱能力，减少干旱对油茶生长的不利影响。油茶不耐水湿，在低洼、易积水的地方，会生长不良、结果少。海南油茶产区降雨量丰沛，但雨量不均，雨季要注意蔸部培土，行间开沟防积水，干季来临前要开竹节沟保水。

农业上“庄稼一枝花，全靠肥当家”的说法指出了肥料对于植物的重要性。合理施肥可以改善油茶的根系，增强其对肥料的吸收能力。此外，施肥可以改善土壤的理化性质，增加土壤肥力，增强土壤微生物的活性，从而为油茶的生长提供良好的土壤环境。氮肥促进叶片生长，磷肥有助于花芽分化和果实发育，钾肥可以提高果实品质和抗病能力。施肥宜少量多次。如难以多次施肥，应该尽量考虑速效肥和缓效肥结合，如有机肥与无机肥结合施用。无机肥中，氮肥宜选择尿素，磷肥宜用钙镁磷，油茶不喜欢氯离子，硫酸钾比氯化钾效果更好。

水分与肥料密切相关，两者在植物生长过程中具有协同作用。适宜的水分条件可以提高肥料的溶解度和植物根系的吸收能力，从而提高肥料的利用效率。反之，提高土壤的供肥能力，可促进植物根系生长，增加根系生长深度和广度，提高植物对水的有效利用率，增强植物抗旱性能。水分过多或过少都可能影响肥料的吸收和利用，过多的水分可能导致肥料流失；而过少的水分则可能限制肥料的溶解和吸收，尤其是对氮、磷等易流失的元素。两者均会引起油茶营养缺乏，出现生长发育不良、果实变小、含油率下降等现象。

植物吸收水肥主要依赖于根部，尤其是根毛。为使油茶能更有效地利用土壤中的肥料，可通过冬季的垦复或“铲山”作业促进油茶根系的生长，从而增加吸收水肥的面积，提高水肥的利用效率。施肥时，要避免肥料与根部过近或过远，以免造成烧根或降低吸收效率。鉴于油茶的根系主要分布在土层的15~60厘米深处，施肥时应适当深施，以防肥料被杂草吸收，导致“草肥树不肥”，同时，也防止油茶根系上浮，降低抗旱能力。施肥后，应及时覆土并结合灌溉，以防肥料流失。

总而言之，水肥管理不仅仅是单独管理水分和肥料，而是通过水肥耦合效应来提高油茶的产量和品质。这种耦合效应可以显著提高油茶的水分和肥料利用效率，促进油茶的健康生长和高效生产。科学的水肥管理不仅可以提高油茶的经济效益，还可以通过减少水和肥料的使用，降低生产对环境的影响，减少生产成本。

（二）油茶幼林期的水肥管理

油茶幼林期是指从苗木种植后到进入盛果期前的阶段，油茶嫁接苗的幼林期一般为6至8年。油茶属直根系植物，主根发达，幼林期以营养生长为主，主根生长量一般大于地上部分生长量，成林期正好相反。因此，幼林期水肥管理的重点是促使树冠快速生长，促梢长叶，促进树体养分积累，以形成庞大的根系和良好的树体结构，为进入生殖阶段开花结果做好准备。

油茶新梢根据抽发的时间分为春梢、夏梢和秋梢。幼林期，油茶在肥水条件好的情况下，三类新梢均有抽发，而成林期主要抽发春梢。幼林期施肥需结合多次抽梢特点，在抽春梢、抽夏梢、顶芽膨胀、新芽转绿期，进行多次施肥。因此，幼林期施肥以氮肥为主，配合磷肥、钾肥，重点针对春梢、夏梢和秋梢的抽发，随树龄增大逐年提高施肥量。

1. 肥料用量及施肥方法

通常，定植当年可以不施肥，或在树苗适应后适当施用稀薄的人粪尿或每株施25~50克尿素或专用肥。若栽植时未施底肥，则要注意在冬季补施有机肥。从第二年起，每年的施肥量随树体的增长递增。

春季施肥，在春梢萌动前半个月左右施入足够的氮肥，以促进多发壮实的春梢，5月份可再追施一次速效氮肥，每株施100~250克，以培养出健壮的夏梢；夏季和秋季追肥，可分别在夏梢生长期和秋梢生长前，根据需要于雨后撒施适量的肥料于施肥沟处或已松土的树盘内，有灌溉设施的可将尿素按3%~5%的浓度溶解于水中灌溉，以促进夏梢和秋梢的生长；冬季施肥在11月上旬进行，以土杂肥、农家肥或商品有机肥作为越冬肥，每株施用3000~5000克，为油茶幼林期提供冬季所需的养分，以提高次年树体生长能力。使用沟施法施用休眠期基肥时，应在树干基部大约30厘米处或沿着树冠的外缘投影线挖掘施肥沟。沟的宽度和深度大约30厘米，具体深度应根据油茶的树龄、生长状况及根系的分布深度来调整，肥料要与土壤充分混合，施肥后及时覆盖土壤。

2. 注意事项

一是施肥沟的规格，开挖施肥沟时，要注意沟的深度和长度，以利于肥料的充分渗透和根系的吸收；二是考虑地形因素，施肥时需注意油茶树的坡位，避免将肥料施在下坡位置，以免雨水冲刷导致肥料流失；三是土壤湿度的考量，施肥前要检查土壤湿度，避免在干燥的土壤中施用固体肥料，降低肥料的效果；四是合理控制施肥量，既不能太少以致无法满足油茶的生长需求，也不能过多以免造成烧根、离子毒害等问题，这样不仅会对油茶造成伤害，还会浪费资源并可能造成污染。

（三）油茶成林期的水肥管理

油茶四季花果不离枝，有“抱子怀胎”的特点，每年都要消耗大量养分。成林期施肥应保持营养生长与生殖生长的平衡，从而达到高产、稳产、优质、低耗，并延长植株经济寿命。油茶成林根据挂果年龄，分为初果期（种植后5至8年）和盛果期（种植超过8年），根据其生长阶段，施肥策略有所不同。

1. 初果期施肥用量及方法

油茶林在初果期需要同时支持树体生长和果实挂载，对氮、磷、钾的需求量较大。在这一阶段，应特别注重磷肥的使用，并配合适量的氮肥和钾肥，推荐磷、氮、钾比例为10∶6∶8。具体施肥方法：在3月春梢萌发前，每株施用500~1000克的复合肥或专用肥，通过开沟方式施入；在6至7月果实膨大期前，每株追加约250克的硫酸钾，建议在雨后或随水施用，以促进果实生长和油脂含量增加；在11至12月间，每株施用4000~6000克的有机肥和250~500克的复合肥作为休眠期基肥，同样通过开沟方式施入。

2. 盛果期施肥用量及方法

油茶林进入盛果期后对磷和钾的需求增加，施肥时应注意氮、磷、钾的配合使用，推荐比例调整为10∶8∶10。具体施肥方法：在3月，通过开沟方式每株施入1000~2000克的复合肥或专用肥；在6至7月，每株追加一次约250克的硫酸钾；在11至12月间，每株开沟施入5000~8000克的有机肥和250~500克的复合肥作为越冬基肥。除了上述土壤施肥外，还可以根据需要进行叶面施肥，主要使用微量元素肥料、磷酸二氢钾、尿素以及各种生长调节剂。

3. 施肥的基本原则

油茶成林期施肥时，主要遵循看山施肥、看树施肥、看肥施肥及看气候施肥四个基本原则。看山施肥是依据土壤肥沃程度施肥，土壤贫瘠的地块可适当增加施肥量，而土壤肥沃的地块可适量减少施肥量，要精准补充缺失的养分。看树施肥是依据树木状况施肥，根据油茶树处在的大年或小年确定施用氮肥和磷肥的比例。大年时，应多施磷肥和钾肥，以稳固果实并促进花芽分化。看肥施肥是依据肥料特性施肥，不同肥料的施用方法和用量有所不同。例如，有机肥适合在干燥季节通过开沟方式施入，而可溶性的速效肥可以在雨后直接施于土壤表面或随水施入。看气候施肥是依据气候变化施肥，油茶在不同气候下对养分的需求有所差异。早春时，应多施氮肥并配合适量钾肥，以促进新梢生长、叶片发育、果实壮大和保护果实；夏秋时，应多施磷肥和钾肥并配合适量氮肥，以促进果实生长和花芽分化。干旱时，重点施用磷肥和钾肥，以增强果实的稳固性和植株抗旱能力。此外，施肥的位置应逐年调整，同时适当加深和拓宽施肥沟，有助于促进油茶根的扩展和发育。通过科学精细的施肥管理，可确保油茶的健康生长，提高果实产量。

二、土壤管理技术

油茶根系发达且分布广，土壤的质地与结构、通气性、透水性、酸碱度、有机质含量、养分状况等对其生长发育有重要影响。油茶产量与土壤的理化性质密切相关，虽然油茶对土壤的要求不高，能适应绝大多数土壤，但良好的土壤结构和质地能为油茶提供更为有利的生长环境。通常而言，土壤有效土层越深，油茶根系的分布范围越广，其吸收养分和水分的能力就越强，从而增强油茶的固地性，提高其抵御干旱、低温、病虫害等逆境胁迫的能力。为实现油茶高产、优产的目标，可从土壤改良、土壤耕作措施、土壤日常管理等方面着手加强油茶林地的管理技术。

（一）土壤改良

油茶最适宜种植在微酸性至弱酸性土壤中，在海南多种植在红壤区，然而，红壤具有酸性强、土质黏重、水稳定性差、水土易流失等特点。因此，土壤改良时，一方面，应加强水利建设，修筑水平梯田等水土保持工程，减少水土流失；另一方面，可适当施用石灰、增施有机肥以及采取科学种植方法等，提高土壤肥力。种植地块土壤有机质含量偏低、土壤磷有效性低时，应定期进行土壤深翻，清除林地杂草，促进土壤的熟化，改善土壤的通气性和保水能力，为油茶根系提供更好的生长环境。同时，应结合深施有机肥、增施磷肥和种植绿肥，以增加林地有机质含量和氮素肥力，改善土壤结构和保肥能力。此外，还可通过合理使用土壤改良剂，有效改善土壤的物理性质，增强土壤的保水性和通气性。

（二）土壤耕作措施

油茶生长速度相对较慢，进入盛果期前，林间通常会存在较多的空地，采用科学的耕作措施，合理利用林间空地，增加林地作物种类，可提高土地的生产力和综合利用率。通过间作、清耕、生草和覆盖等耕作措施，可提高土壤有机质含量，改善土壤结构和肥力，增强林地生态稳定性，减少病虫害的发生，促进油茶的可持续种植，提高林地的生态效益和经济效益。

间作，是指在同一片林地中同时种植油茶和其他适宜的作物。合理选择间作作物，利用不同作物之间的互补作用，可有效减少土壤侵蚀，保持土壤湿度，并抑制杂草的生长。油茶幼林期树体较小，不宜选择与油茶争光、争肥、争水的高秆作物和耗水量大的作物，如木薯、玉米等。可选择矮秆作物，也可选择能够改善土壤结构的绿肥作物，如花生、红薯、菠萝、柱花草等豆科植物等。间作时，注意间作的作物应离油茶蔸部80厘米以上，以防作物与油茶争肥、争水、争光。

清耕，是指定期进行土壤耕作清除地面杂草和残留物，保持林地整洁和土壤通气性。在春季或秋季清耕较好，此时土壤湿度适中，杂草生长旺盛，清耕效果明显。春季，油茶林地适宜浅锄，深度控制在5~15厘米，结合培土，以防止蔸部低洼积水；夏季，浅锄后将割除的杂草覆盖蔸部，帮助土壤保持水分，起到防旱的作用；秋季，宜深耕，深度可达20厘米，可适当扩穴，为油茶的根系提供足够的生长空间。此外，需要注意高温季节不宜除草操作，以免损伤油茶根系。频繁清耕易导致水土流失，造成土壤有机质含量和肥力迅速下降，也会破坏土壤结构，在坡地，这种现象尤为严重。根据地块杂草的生长情况适度进行清耕，可使土壤保持疏松和无杂草状态，有效改善油茶林地的土壤条件，增强土壤的通气性和透水性，促进土壤微生物的活动，促进油茶的生长发育，提高茶油产量和品质。同时，也有助于减少病虫害的发生，保持油茶林的健康和稳定。但也要避免过度扰动土壤，以免土壤结构破坏，影响油茶的根系生长。特别是幼林期，过度的土壤清耕可能会损伤油茶根系，影响其生长。因此，建议在油茶林地适度保留些许杂草，不影响油茶的正常生长即可。这样不仅有助于保持土壤结构，还能有效防止水土流失，维持土壤的生态平衡。

生草，是指在油茶林行间人工种植或自然生长的一些低矮的草本植物，如禾本科、豆科等草种，作为地面覆盖物。这些草本植物不仅可防止土壤侵蚀，保持土壤湿度，还能通过其根系改善土壤结构，有效固定土壤，增加土壤有机质含量，为土壤微生物提供栖息地，促进土壤生物多样性，改善油茶林的生态条件。油茶林地多采用自然生草的方法，通过自然竞争和连续刈割，最后剩下适于实地自然条件的草种。使用人工种植的方式生草时应选择与油茶根系分布深度不同的草种，如百喜草、金鸡菊和柱花草等，并根据草种的生长特性和油茶林的实际情况，合理控制生长密度，以免过度竞争。但无论是人工种植还是自然生长都要定期修剪草的高度，避免草过高影响油茶的光照和养分吸收，且生草多年后，如草太密太多，应及时翻压，以提高土壤通气性。

覆盖，是指在油茶林地中铺设有机材料（如稻草、树皮、秸秆、枯叶、油茶壳等）和地膜作为地面覆盖物。覆盖可以有效减少土壤水分蒸发，保持土壤湿度，保护土壤表层，抑制杂草生长，调节土壤温度，减缓气温剧变带来的影响。覆盖物在分解过程中还能增加土壤有机质含量，改善土壤结构和肥力。另外，覆盖还可抑制杂草生长，减少土壤管理人工成本。一年四季均可进行覆盖，但以夏初、秋末为宜，避免在高温季节进行覆盖，以免影响土壤温度和油茶的正常生长。选择覆盖材料时，应考虑其对土壤的改良效果和对油茶生长的影响。稻草、树皮和枯叶等有机材料是较好的选择。覆盖前，建议适量追施氮素化肥，后及时浇水，以促进肥料的吸收，补充土壤养分，促进油茶生长。覆盖有机材料后，需根据油茶实际的生长状况，适当减少速效氮肥的施用量。因为氮肥过多可能会导致油茶营养生长过旺，枝叶徒长，影响开花结实，从而降低油茶的产量和品质。油茶林地覆盖用的地膜种类繁多，大部分具有保墒提墒作用，并能有效抑制或杀死杂草，可节约劳动力。目前，防草布应用较为广泛，效果显著。然而，覆盖地膜后，土壤有机质矿化速度加快，导致其含量迅速下降。因此，建议在覆盖地膜的同时，采取开沟和扩穴措施，施用适量的有机肥，补充土壤有机质。此外，覆盖地膜前，应施足矿质肥料，以确保土壤养分的充足供应。需要注意的是，地膜覆盖的区域在夏季易出现较高的地温，不利于油茶树根系生长，因此，覆盖地膜后可在地膜上撒一些土或覆盖适量的杂草，以调节地温。

覆盖地膜虽然效果好，但需要定期更换。

（三）土壤日常管理

深翻扩穴，可避免土壤板结，改善土壤的通气性和透水性，促进土壤微生物的活动，为油茶根系提供充足的生长空间，促进根系向四周扩展，增强根系的吸收能力。深翻扩穴通常选择在深秋或干季进行，此时土壤湿度适中，便于操作，且对油茶根系的损伤较小。雨季土壤含水量高，耕翻容易导致土壤板结，影响油茶生长。耕翻深度以35厘米左右为宜。过深的耕翻可能会损伤油茶的根系，影响其生长；过浅则达不到效果。从油茶定植穴的外围开始，逐年向外挖掘50~70厘米的环形沟，挖掘深度40~50厘米，确保与定植穴或前次深翻沟接茬，避免留下夹生层。挖掘过程中，将表土和心土分别堆放。回填土壤时，将表土与有机肥充分混合，均匀填入下层和根系周围，以确保养分直接供给油茶根系。

中耕除草，可避免土壤板结，保持土壤疏松，减少土壤表面的水分蒸发和养分流失，有效清除林地中的杂草，避免杂草与油茶争夺养分和水分。中耕除草频率及时间应根据油茶的生长期、杂草生长情况和气候条件灵活调整。每年中耕除草2~3次，通常选择在春季、夏季或秋季进行，高温季节和雨季不宜进行，以免损伤油茶根系，影响油茶生长。中耕除草深度约为10厘米，可使用锄头或中耕机，深度应均匀，避免局部过深或过浅。

增施有机肥，能够显著提高土壤肥力，促进微生物代谢和繁育，增强根系的吸收能力，为油茶生长提供充足的养分，提高油茶的抗逆性，减少化肥的使用量，降低化肥对土壤和水体的污染。有机肥的施用时间通常在油茶的休眠期或生长初期，如春季或秋季。此时施肥有利于油茶根系吸收养分，促进新梢生长和花芽分化。每年1~2次，具体频率应根据土壤肥力状况和油茶的需肥特点进行调整。油茶林地通常采用开沟施肥和撒施，开沟施肥可避免肥料直接接触根系，减少烧根风险，具体方法是在油茶树冠滴水线外侧开施肥沟，沟深20~30厘米，将有机肥均匀撒入沟中，然后覆土。对于面积较大或地形复杂的油茶林地可采用撒施，即将有机肥均匀撒在林地表面，然后结合中耕除草将肥料翻入土中。施肥量应根据土壤肥力状况和油茶的需肥特点进行合理配比，一般每株油茶施用有机肥5000~10000克。施肥后，要将肥料与土壤充分混合，避免肥料堆积，影响根系吸收。另外，有机肥必须充分腐熟后才能施用，以免未腐熟的肥料在土壤中发酵产生高温，损伤油茶根系。

三、控草技术

杂草不仅会与油茶争夺光照、水分、养分，还可能助力病虫害的发生，影响油茶的健康生长。控草不仅可以改善光照条件、调节土壤温湿度以及促进土壤养分供给，还能降低病虫害发生的风险，提高林地通风性和满足干季安全防火的需求，是促进油茶树体健康快速生长的重要技术手段。油茶林地杂草种类繁多，一般通过人工、机械、化学、覆盖和生物控草等技术，除去恶性杂草、灌木，控制一年生杂草高度，优先采取人工和机械控草措施，慎用化学除草剂。油茶幼林期每年5月底前和9月后各控草1次，油茶成林期通常在夏季控草1次。控草时，应适当保留油茶林地的部分矮草，保持林地植被多样性，提高油茶林的生态稳定性。

（1）人工控草

用人工拔草、割草或浅耕等方式清除杂草，使用锄头、铲子等工具将杂草连根拔除，适用于面积较小或杂草密度较低的林地。人工控草适合清除恶性杂草、灌木以及控制一年生杂草的高度，对环境友好，不使用化学药剂，避免对油茶和土壤造成影响。对于宿根性多年生恶性杂草及顽固性杂草，可人工清除根块，清除的杂草及时深埋于土中（不能在树蔸部埋青）或直接暴晒于行间地表。注意新造林油茶苗穴位直径40厘米范围内需手工拔除新造林树周边的杂草。

（2）机械控草

使用园林割草机、中耕机等机械进行除草，适用于面积较大或杂草密度较高的林地，尤其适合生长过快、过高的杂草的清除。机械控草效率高，适合大规模作业。油茶幼林阶段机械控草过程中，要保护好油茶树体，避免损伤油茶根系。

（3）化学控草

对面积较大、人工和机械控草难以实施的林地，谨慎、严格按照说明使用对油茶无害的选择性除草剂进行喷洒。根据杂草种类、季节合理使用除草剂，控制使用频率和剂量，禁用根系吸收传导的化学药剂，结果期应停止化学控草，采用人工或机械除草方式。在种植后的前3年对处于幼林期的林分采用除草剂去除恶性杂草，之后禁用除草剂。化学除草剂应尽量在油茶的休眠期或者杂草生长初期施用，高温季节林地杂草已郁闭时不能除草，避开露水、高温和降雨时间段，选择在天气晴朗、气温适宜的时间进行，以10~24摄氏度为宜，以避免药液被稀释或对油茶树造成伤害。风力过大则停止用药，以防止药液飞溅，影响药效或对油茶树造成伤害。此外，化学控草时操作人员应做好个人防护，穿戴防护服、手套、口罩等，避免皮肤和呼吸道接触药剂，施药后应及时清洗手、脸等暴露部位。以草甘膦铵盐可溶粉剂叶面喷施为例，先人工清理树蔸直径1米范围的杂草，用轻质护罩把幼树罩住，防止药液直接接触油茶叶片和嫩枝。喷施的药液有效成分浓度为每桶60~80克，用药水量为每亩15000克（可根据杂草密度和覆盖情况适当调整）。采用喷头戴有保护罩的喷雾器均匀喷洒，间隔7~10天进行二次用药。

（4）覆盖控草

杂草萌发前，用防草布或生态草垫覆盖在油茶树周边，用泥土压实、铺平，从而达到控制杂草生长的目的。覆盖物可形成物理屏障，阻挡阳光照射，抑制杂草种子的萌发和生长。覆盖材料分为有机覆盖物和无机覆盖物，一般要求覆盖物具有生态环保、可降解、透气性好、渗水快、保温保湿效果明显等特点。

（5）以草控草

油茶林地提倡以草控草，通过在油茶林地种植特定的草本植物，利用其竞争作用抑制其他杂草的生长。可种植结缕草等覆盖度大的草种，或者逐步培养、种植野花生、三叶草等具备改良土壤或固氮能力的低矮的牧草、绿肥。

四、整形修剪技术

整形修剪是对树体进行剪枝及类似的作业，是树体管理的重要内容之一，为了形成和维持一定的树体结构和树冠形状，保持营养生长和生殖生长平衡，使树木充分发挥生产能力。油茶树的整形修剪是实现油茶林栽培由昔日粗放栽培或半粗放栽培过渡到集约现代园艺化或半园艺化栽培模式的重要环节。油茶整形修剪与一般果树整形修剪基本类似。此项技术可使树形结构良好，枝条分布均匀，营养枝与结果枝比例合理，树内通风透光，树形立体，病虫害减少，从而达到油茶果产量提高、出油率增加的目的。

（一）整形修剪前应考虑的因素

油茶生长发育的特性。油茶一年到头不离花果，因此，需要大量的营养物质来补充其在生长发育中所消耗的能量。油茶喜光，若光照不足，会出现树冠内枯枝增加，中下部失去萌发新梢和开花结果的能力，而且常发生落果和大小年现象。修剪是改善树冠内部通风透光条件的主要措施之一。

油茶生长的自然条件。栽种在较肥沃湿润的山地土壤上，油茶生长旺盛，修剪时间可以提早，修剪程度可较轻；栽植在瘠薄的红黄壤上，油茶生长缓慢，可进行较重修剪，修剪后必须及时除萌和抹梢。在修剪的同时，要切实加强培育管理，如垦复、施肥、防治病虫等。剪下来的枝叶，要随即搬出林外。

油茶经营管理方法。采取集约经营的方法，投入较多的劳动力、资金和精细的技术，可轻度修剪，以养成合理的树形。在劳动力、资金、技术等条件较差或经营管理粗放条件下，修剪程度宜重，以解决养分不足的问题。

总之，油茶修剪前，必须对品种类型、树龄、长势、叶芽萌发能力、花芽类型、结果特性、主枝的密度等进行调查，运用合理的修剪技术，才能获得良好的效果。

（二）整形修剪季节

油茶的修剪，可分干季修剪和湿季修剪，一般以干季修剪为主，但湿季修剪亦不可或缺。根据油茶的生长发育特点，干季整形修剪一般以树体已进入慢生长状态时为佳。海南一般在11月下旬至次年2月，即采收茶果后到春梢萌发前进行。因此时树体所需养分和水分减少，树液流动缓慢，伤口容易愈合。同时，这时所结油茶果还小，不易因修剪而脱落。结合挖山垦复，修剪大枝干、蚂蚁枝和幼树定形，以利新枝萌发，更换树冠，减少病虫害的发生。夏季结合中耕修剪徒长枝、脚枝、寄生枝、枯枝，使树冠内通风透光，多着花果，提高产量。修剪下来的枝条要及时运出林外，以减少病虫害的发生。

（三）整形修剪方法

整形修剪原则上要先剪下部，后剪中上部；先修冠内，后修冠外。做到内膛通而不空，内饱外满，左右不挤，枝叶繁茂，通风透光，增加结果体积。

幼树修剪。油茶定植后，在距接口30~50厘米处定干，适当保留主干。油茶中心主枝多为自然圆头形。一般在30~40厘米高的主干上，选留3~4个向四面均匀张开的主枝，再在每个主枝上选留3~4个均匀交错的副主枝，使之逐渐扩大形成冠体。剪去主干上30厘米以下的小脚枝、衰退枝、交错枝以及短截生长过旺的延长枝，使树冠整齐、平衡，形成圆头形状。

干季修剪。第一年在20~30厘米处选留3~4个生长强壮、方位合理的侧枝培养为主枝；次年再在每个主枝上保留2~3个强壮分枝作为副主枝；第3~4年在继续培养主枝、副主枝的基础上，将其上的强壮春梢培养为侧枝群，并使三者比例合理、均匀分布。干季修剪主要针对完成整形后的树体进行，是对树形、树势的进一步调整。其修剪方式以疏枝为主、短截为辅。疏枝是指从枝条基部将整个枝条剪去，枝条过多过密时，疏去一部分不良枝条；短截是剪去枝条的一部分，通常对生长枝、徒长枝或延长枝等进行短剪。另外，油茶最易发生竞争枝，应及时予以修剪控制。在出现两枝竞争时，根据其生长势，修除一方，若是三枝竞争，则修除中心枝，以保持其开张角度，改善通风透光条件，稳定丰产树形。

结果枝和生长枝的修剪。由于油茶结果枝和生长枝很容易衰老，使生长结果能力下降，为保持其生长结果的优势，应及时采取回缩修剪，即将生长结果超过3年的枝条，向下回缩修剪1/3~2/5，个别长势太弱的枝条，还应再向下回缩修剪，以使之能长出较好的生长枝和结果枝为宜。

徒长枝的修剪。油茶树易发生徒长枝，特别是回缩修剪以后，很容易在树冠内发生大量的徒长枝，应及时修剪。当树势衰弱或树冠内空间较大时，修除徒长枝上的中心延伸枝可控制徒长枝的生长，将徒长枝改造成结果枝或利用徒长枝来更新衰弱枝，以填补空隙，恢复树势。

（四）整形修剪注意事项

剪口和剪口芽。剪口一般以斜口较多，剪口芽的方向与质量对整形修剪影响较大。若为扩张树冠，应留外芽；若为填补树冠内膛，应留内芽；若为改变枝条方向，剪口芽应朝所需空间处；若为控制枝条生长，应留弱芽，反之，应留壮芽为剪口芽。

大枝的修剪。对于过分郁闭的树形，应剪除少量直径2~4厘米的直立大枝，开好“天窗”，提高内膛结果能力。用园艺锯在处理直径10厘米以上较为粗大的枝干时，很容易撕裂树干，造成大的伤口，应采用“三段式锯除法”：第一步，在要去除的枝干下方距主干约13厘米处锯一切口，深度约为枝干的1/3；第二步，在枝干上方距第一个切口约8厘米处下锯，直到枝干脱落；第三步，贴近主干约2厘米处，锯除剩余部分。修剪时一定要将剪口剪得与枝条平齐，不能留桩，这是剪枝的要点。如果剪口不平，留茬或留桩，不但不利于愈合，还会引起干腐病的发生。枝剪和园艺锯造成伤口部位不平滑时，都要用刀削平，以减少病菌侵入的机会和促进伤口部位愈合。

其他。交叉枝、重叠枝、背上枝、枯枝、病虫枝，以及下垂枝等要及时修剪。剪下的病虫枝应集中进行无害化处理，其他枝条清理运走。另外，整形修剪要与深耕施肥、间作、病虫害防治相结合，方可达到最佳效果。修剪后应及时抹除无利用价值的萌芽，以免消耗树体内养分。

五、复合经营技术

油茶属多年生植物，寿命长达几十年至数百年，非生产期长，复合经营技术通过间作可在油茶收获前获得一定的经济收益，达到“以短养长”的效果。通常新建植至4年的幼龄油茶园均可间作短期作物。

在建立复合经营系统的过程中，作物搭配和间作方式的选择是关键。一般来说，应该遵循以下原则：第一，间作物种不与油茶争光、争肥、争水，且具备适应性强、不给油茶林带来病虫害等特点，从而保障油茶林地生态系统的健康。第二，从当地实际和林地条件出发，因地制宜，宜林则林、宜粮则粮、宜油则油。第三，坚持综合效益优先、土地利用高效原则。充分考虑复合经营的可行性，充分利用林地空间、气候、土壤等资源，提高林地生产力，实现一地多用、一地多收，达到“长短结合、以短养长”的目的。

幼龄油茶园不同生长年限的林间隙地面积和荫蔽度在不同年度间差异较大，荫蔽度由第1年的8%逐渐增长至第4年的45%（见表4），因此，应根据表中的参数，合理调整间作的作物种类，并且在不同年度合理实施间作和轮作，发挥间作和轮作的最大效益。一般3年及以内的幼龄油茶园林间隙地面积较大，荫蔽度不超过25%，此时可间作的作物种类较多，如绿肥、杂粮、非喜阴类药材等；3年以上的幼龄油茶园林间隙地面积较小，荫蔽度大于25%，此时可间作喜阴或耐阴的经济作物，如生姜、益智等。目前，生产中存在管理粗放、长期连续栽培、掠夺式经营等问题，使得土壤养分大幅度减少，并且油茶秋花秋实、“抱子怀胎”，一年四季花果不断，常因养分不足导致出现树体生长缓慢、结果量下降、大小年等不良现象，严重制约着油茶产量与品质。因此，在油茶生产过程中，采用正确合理的间作模式，不但可获得经济效益，还可以耕代抚、以耕代管，节省大量抚育和管护投入，发挥土地的综合效益。

表4　幼龄油茶园不同生长年限林间隙地面积及荫蔽度一览表

幼龄油茶园生长年限	林间隙地面积/（平方米/亩）	荫蔽度/%
第1年	613.34	8
第2年	566.67	15
第3年	500.00	25
第4年	366.67	45

注：表中数据按照株行距3米×4米的规格计算。

幼龄油茶园间作的作物种类较多，一般以农作物、绿肥、经济作物为主，但也可因地因时制宜地选择杂粮、油料、药材等（见表5）。在坡度较陡的园地，以间作绿肥为主。春播间作紫穗槐、猪屎豆、山毛豆、印尼绿豆、饭豆、乌豇豆等；秋播间作紫花苜蓿、光叶紫花苕等。在比较平缓的园地，可间作花生、甘薯、油菜、黄豆、马铃薯、蚕豆、豌豆等。在水肥条件好的园地，可间作药材。间作要合理，尤其要注意选择适宜的作物，增施肥料，作物与油茶应保持适当的距离。

表5　适合海南油茶间作的作物一览表

农作物	绿肥	经济作物
甘薯、荞麦、芋头、黄豆、绿豆、蚕豆、豌豆、赤小豆、旱禾等	柱花草、印尼猪屎豆、大叶猪屎豆、光萼猪屎豆、三尖叶猪屎豆、白花灰叶豆、印度豇豆、木豆、毛蔓豆、铺地木蓝、无刺含羞草、望江南等	生姜、益智、菠萝、砂仁、巴戟、黄花菜、花生等

以下是几种油茶园间种案例。

（一）油茶园间作柱花草

柱花草原产于中南美洲，为多年生草本或半灌木。柱花草蛋白质含量高，适口性好，是我国华南地区主要的豆科牧草。柱花草株高60~150厘米，根系主要分布在地下20厘米土层，具有适应性广、耐旱、耐酸、耐贫瘠及抗病性好等特点，适于在油茶园间作（见彩图4）。此外，柱花草具有固氮作用，可增加地力、改良土壤肥力。柱花草封行后，能涵养土壤水分，减少水土流失。据实验，幼龄油茶园间作柱花草比裸露地表减少径流49.11%~65.62%，4龄前的油茶园间作柱花草保持水土效果较好，间作柱花草的径流深度最小为6.71毫米，径流系数为20%，可减缓由于大量种植油茶造成的地表裸露和水土流失。

1. 园地选择

柱花草不耐阴，可选择3年以内的幼龄油茶园进行间作。尽量选择土壤深厚、沙砾较少的壤土，低洼积水的地块不宜种植柱花草。

2. 整地

首先清除间作带的杂草、石块，在距离油茶0.6米的行间犁耙，且油茶种植带上不间作柱花草。行间整地需全垦，一犁一耙后每亩撒施有机肥1000千克。

3. 种子处理

先用80摄氏度热水浸种3分钟，以提高柱花草种子发芽率然后用0.1%多菌灵水溶液浸泡10~15分钟，以杀死炭疽病菌。在新植区，宜用柱花草根瘤菌剂拌种。

4. 播种

雨季来临前播种。通常采用条播的方式，按行距50厘米将种子播种于间作带，一般可播5行，每亩播种0.5千克。柱花草种子颗粒较小，播种时可掺一些细沙或细土拌匀，有利于撒播均匀，播种后覆1~2厘米薄土。播种时，应与油茶保持50~80厘米的距离，以免影响油茶树的正常生长。

5. 田间管理

柱花草初期生长较为缓慢，播种后4~7天出芽，2个月时的高度仅达10~15厘米，容易受到杂草影响，需进行人工除草。为了加快柱花草生长，还可适当补施磷、钾肥及少量的氮肥，以每亩施用20~30千克为宜。

6. 收获

作为饲草利用时，柱花草长到60~80厘米高时，即可实施刈割。每年可刈割3~4次，鲜草年产量可达每亩3~4吨，收获后的柱花草可直接作为青饲料，也可晒制成干草，加工成草粉、草颗粒。作为绿肥利用时，可在柱花草生长旺盛时刈割，将草整齐堆放于种植带，一般堆放宽度为2米，也可在树附近挖洞或开沟，填埋回田。

（二）油茶园间作花生

花生也称落花生、地豆，是豆科落花生属草本植物。花生为一年生作物，种后4~5个月即可收获。花生的根系浅，适于油茶园间作（见彩图5）。在耕地资源有限的情况下，通过花生与油茶间作，不仅可充分利用自然资源，也解决了花生需求量大与耕地面积有限之间的矛盾。油茶的非生产期通常长达4~5年，种植时株行距大，幼龄期行间土地具有较丰富的光热资源，非常适合间作花生。

1. 园地选择

一般选择3年以内的幼龄油茶园进行间作，此时园地荫蔽度较低，适合花生生长。花生对于土壤的要求相对较高，宜选择地势较为平坦且排水能力强的砂壤土，要求园地土壤有机质大于

1%，土壤的pH值要在6.5~7.5之间。同时，需注意花生不宜连作。

2. 整地

首先清除间作带的杂草、石块，在距离油茶树0.5米的行间犁耙，充分耙平后起畦，畦底宽75~80厘米、面宽65~70厘米、畦高5厘米，以便覆盖地膜。一般油茶行间可起3畦。

3. 播种

间作的花生品种可选用‘桂花1026’，该品种是由广西壮族自治区农业科学院经济作物研究所选育并通过国审的优良品种，适宜在海南、广西中北部、广东、福建、湖南南部等南方花生产区推广种植。也可选用本地花生良种，以便发挥其环境适应能力强的特点。

播种采用行距50厘米，穴距13~17厘米，即每亩0.8万~1万穴，每穴播2粒，均匀覆土，播后覆膜。

4. 田间管理

覆膜到出苗期间，发现薄膜破口或覆盖不严时，及时重新压埋、堵严。当幼苗破膜拱土，开始露出真叶时，扒去膜上的土，使子叶露于地表。发现缺苗，立即用催出芽的种子补种。开花前在畦沟内进行1次中耕除草。在开花下针期到荚果充实期间，根据花生长势，可在叶面喷施500倍叶面追肥或者喷施0.2%~0.3%磷酸二氢钾溶液2~3次，可同时喷洒阳离子调节剂加大营养输送量，促进果实发育，提高花生产量。

5. 收获

花生的收获期，一般根据植株变化和荚果成熟期的外观来确定。成熟时，植株上部叶片变黄，中下部叶片由绿转黄并逐步脱落；茎转为黄绿色；荚果果壳外皮发青而硬化，网脉纹理加深而清晰，果壳内里海绵体呈闪亮的黑褐色，籽仁充实饱满，种皮色泽鲜艳。收获后应及时晾晒，去除杂质后储存。

（三）油茶园间作菠萝

菠萝为凤梨科多年生草本植物，是热带地区的主要水果之一。菠萝对土壤的适应性很好，由于根系浅、耐干旱，特别适合与油茶间作（见彩图6）。

幼龄油茶园间作菠萝不仅可提高土地利用率，增加经济效益，还可增加地表覆盖率，减少水土流失及水分蒸发，抑制林下灌木、杂草的生长。

1. 园地选择

菠萝原产于南美洲高温干旱地区，属于典型的阳性作物，因此只能在1~2年的幼龄油茶园间作。间作菠萝要求土壤疏松、排水良好、富含有机质、pH值5~5.5的砂质壤土或山地红壤。

2. 整地

清除间作带的杂草、石块，在距离油茶0.5米的行间全垦。深耕30厘米以上，二犁一耙，使土壤达到深、松、细的标准。种植前挖沟施基肥，沟深15厘米，每亩施有机肥1000千克、过磷酸钙50千克、45%三元复合肥50千克。肥料混匀施入沟内并盖土。

3. 种植

推荐间作使用的菠萝优良品种为‘金菠萝’和‘维多利亚’。株行距一般为35厘米×40厘米，距离油茶树不得小于50厘米，且油茶种植带上不间作菠萝。一般每个油茶行间种植7行菠萝。种植深度：顶芽苗2~3厘米，吸芽苗3~5厘米，以生长点不埋入土中为准。定植前，7~10天备好种苗，并将苗尾部暴晒，以利于植后发根。定植时，顶芽应剥去3~5片干的基叶，吸芽剥除5~6片基叶，然后将顶芽和吸芽分类，同一类苗还要按苗的大小分级种植，使之种后生长整齐一致，方便后期管理。

4. 田间管理

定植后，10~20天要查苗补苗，及时扶正倒伏株。保持田间无杂草，可采用人工除草或除草剂除草。若雨水冲刷造成植根裸露或土壤板结，要及时进行中耕，结合施肥培土。菠萝地忌积水，雨季应及时开沟排除积水。菠萝耐旱性虽强，但仍需保持土壤湿润，因此，持续干旱时应及时灌溉并追肥，满足其生长发育的需要。菠萝生长过程中要追肥4次：第1次为返青肥，种植后20天左右，在雨后每亩撒施尿素20千克于行距沟内；第2次为促花壮蕾肥，在催花前或花芽分化前1个半月，每亩混施尿素10千克和45%三元复合肥15千克；第3次为壮果催芽肥，谢花后，每亩撒施45%三元复合肥15千克；第4次为壮芽肥，收果10天后，每亩混施尿素15千克和45%三元复合肥20千克于根基部，并培土。

5. 收获

菠萝植后15~16个月，当植株基部有2~3行小果呈黄色、果梗稍倾斜时便可采收。菠萝的收获方法有带顶芽收获与不带顶芽收获2种。

思考题

1. 林地选择和林地规划主要包括哪些内容？
2. 土地整理的技术要点有哪些？
3. 油茶品种配置需遵循哪些原则？
4. 根据地形等因素有哪几种油茶配置方法？
5. 油茶栽植技术要点有哪些？
6. 油茶幼林期、成林期的水肥管理要求有何不同？
7. 油茶控草技术有哪些不同类型？分别有何特点？
8. 整形修剪有哪些方法和注意事项？

第三章　低产油茶林改造技术

本章提要与学习指导

本章主要介绍了低产油茶林形成的原因及改造技术。通过本章学习，应了解并掌握低产油茶林改造的主要技术手段。

一、成因及改造方式

（一）油茶低产的成因

根据油茶林“林分、林地、品种”状况，油茶低产的成因主要为3类9种（见表6）。改造前应对油茶林进行实地调查，分析其低产的主要原因。

表6　油茶低产林成因与判定一览表

低产林成因		识别指标	低产林标准	健康林标准
林分衰退	①树体老化	树龄40年以上老、残、病、劣、败株占总株数百分比	>60%	<10%
	②林相残败	初植油茶株数占乔、灌木总株数百分比	<60%	>90%
	③过度郁闭	林分郁闭度及油茶内膛光秃带占冠层厚度比率	>0.9，>1/2	0.6~0.7，<1/5
林地荒芜	④杂灌丛生	林内根深30厘米以上杂草、灌木盖度	>70%	<30%
	⑤水土流失	表土保留率	<1/3	基本完整
	⑥土壤贫瘠	有机质及大量元素含量极度缺乏指标数*	>2个	无

续表

低产林成因		识别指标	低产林标准	健康林标准
品种不良	⑦适生性差	正常挂果株比率	<1/3	>2/3
	⑧品种混杂	非优良品种株率	>40%	<10%
	⑨配置不当	主栽品种自然坐果率	<10%	>25%

注：*有机质<0.6%，全氮<0.5克/千克，有效磷<3毫克/千克，速效钾<30毫克/千克。

（二）低产油茶林的改造方式

根据改造对象的林龄、单位面积产量和低产成因，分别采取更新改造、抚育改造和品种改造3种方式。详见表7。

表7　低产油茶林改造方式表

改造方式	改造对象			主要措施	应用条件	改造目标	
	林龄	产油量/（千克/亩）	低产原因			产量目标/（千克/亩）	质量目标
更新改造	≥40年老林	≤10	林分衰退、品种不良	带状更新、块状更新	生态良好	≥40	品种优良、林地条件优越、适合高效生态经营的高质量油茶丰产林
抚育改造	13~39年成林	5~10	林分衰退、林地荒芜	林地清理、密度调整、土壤改良、树体改良	品种良好	≥25	林分结构合理、林地条件优良、适合高效轻简栽培的油茶丰产林
品种改造	13~39年成林	≤5	品种不良	嫁接换种	生长良好	≥35	品种优良、林相整齐、适合高效集约经营的高质量油茶丰产林
	7~12年幼林	≤10	品种不良	嫁接换种、大苗换种	管理良好	≥40	

注：①产油量为改造前连续3年的平均量。

②产量目标按稳定盛产期计，植苗后第8年，换冠后第5年，抚育后第3年。

二、树体改造技术

油茶树体改造是利用高位嫁接的方法改造不良的品种并调整品种结构。这是品种更新换代、优化品种结构和改换低产林中品种、品系不纯或品种不良，以及增加和更换授粉品种的关键措施。树体改造已经成为油茶低产林改造的主要措施之一。

（一）林地清理与树体修整

1. 林地清理

利用割灌机等工具对油茶林内灌木、杂草、寄主植物和其他混生的用材林、经济果木林，以及树蔸和树枝等残留物进行彻底地伐除。

2. 树体修整

根据嫁接的需要对油茶砧木进行修剪，剪除病虫枝、枯枝、弱枝、过密枝等。

（二）砧木的选择

选择林地肥沃、株行距整齐、密度适中（每亩80~100株）的低产林。林龄以15~30年为宜。每株砧木选择3~5个角度适当、干直光滑、无病虫害、生长健壮的主枝。

（三）穗条的采集与贮藏

1. 穗条采集

①穗条要随采随接，以阴天或晴天上午11点前、下午5点以后采集为宜。

②在国家或是省级林业部门规定的采穗圃中采集优良品种的半木质化穗条，分无性系捆扎，并标写无性系号。

③长途运输穗条时，用吸足水分的脱脂棉将穗条基部包扎好装箱，最好在晚间运输，途中注意保湿。

2. 穗条贮藏

①穗条要排放在地窖或室内阴凉湿润的地方。

②贮藏时，在地下堆一层厚10厘米的沙子或黄心土，喷水湿润，将穗条基部浸湿，轻轻插入沙子或黄心土中，可使穗条保鲜延续使用一周左右。

③注意不要在穗条上洒水。

（四）嫁接

油茶的嫁接时间选择在树液开始流动、形成层细胞活动、树皮易剥离时进行。在海南最适宜嫁接的时间为5月至6月和12月至次年1月。嫁接宜在阴天和晴天低温时进行，雨天和高温天气的中午不宜嫁接，否则将影响油茶成活。采用撕皮嵌接、皮下嵌腹接、插皮接等。具体可参见《油茶高接换冠技术规程》（LY/T 2679—2016）。

（五）嫁接后管理

1. 解罩

在嫁接后40~50天即可解罩。解罩最好选在阴天或晴天早晚进行。

2. 截冠

夏季嫁接，截冠在8月底至9月初；秋季嫁接，在10月下旬油茶籽采收后，气温有所下降时进行截冠。截口距接穗处5厘米左右，在截口下方尽量保留1~2个小枝，以免砧木向下干枯。

3. 解绑

解罩和截冠后，夏季嫁接的在9~10月，将绑带解除；秋季嫁接的在次年春季进行解绑。

4. 除萌

剪砧后，砧木上会不断地生长出萌芽条，应及时除掉。

5. 扶绑

大树嫁接，接枝生长很快，徒长严重，会形成头重脚轻的现象，易造成风折，对这些徒长枝应及时扶绑在砧木上。

6. 主要病虫害防治

嫁接后，接枝生长幼嫩，很容易受叶甲、金龟子和象甲等为害，应随时注意虫情，及时进行药物防治。防治方法主要参见《油茶主要有害生物综合防治技术规程》（LY/T 2680—2016）。

7. 林地管理

因油茶嫁接林对养分消耗很大，所以必须加强林地管理，进行垦复、除草和追肥等工作，满足树体养分的需求，否则会造成嫁接林的提早衰败。加强营林管理，增强树势，破坏害虫的生存和为害环境；通过修剪清除和减少病虫枝和过弱枝，消灭休眠害虫；提倡采用生物防治，保护害虫天敌。

三、土壤改造技术

油茶对土壤的适应性强，适宜生长于pH值为4.5~6.5，且疏松、肥沃、排水良好的酸性土壤中。油茶多建立在低山丘陵地带，水肥条件较差，合理的油茶园经营管理模式能改良园中土壤质量，提高土壤水肥能力，促进油茶树生长，为提高油茶果实产量与品质提供保障。目前，生草栽培、茶园覆盖、间作等是油茶园土壤改良的常见模式。

（一）深翻扩穴

油茶为主根发达的深根性树种，最深可达1.5米，根系发达，分布广。晚秋或干季结合施基肥进行深翻，可促进土壤熟化，并有利于冻死休眠害虫的卵、蛹。深翻分全园深翻和隔行深翻2种。一般在栽植穴、沟两侧，沿穴、沟边界不断向外扩展。也可沿原来的栽植沟方向，逐年深翻，每隔数年再扩翻1次，使根系更新，深度以30~50厘米为宜。也可在行中间开沟，宽50厘米左右，隔一行扩一行，次年再扩另一行。

（二）油茶园生草

油茶园生草法可防止和减少水分流失，使油茶树害虫的天敌种群数量增大，增加土壤有机质含量，提高土壤肥力，改善土壤理化性质。应根据油茶园土壤条件和树龄大小选择适合的生草方式。油茶园人工生草，可以混合播种2种或多种草，通常选择百喜草、白三叶、黑麦草、紫云英等。也可利用油茶园自然生草。生草覆盖地面以后，根据生长情况，及时刈割，一般草长到30厘米以上时刈割，刈割2~4次。一般情况下，油茶园生草3年后，草逐渐老化，要及时翻压，1~2年后再重新播草。

（三）油茶园覆盖

油茶园覆盖可蓄水保墒、调节地温、有利于根系活动、灭草免耕、提高土壤肥力、减轻病虫害、提高油茶产量。覆盖前视油茶园土壤状况而定，严重板结园应刨树盘深20厘米左右，然后覆盖。覆盖在春季施肥后进行，利用稻草、秸秆、无纺布等覆盖于树冠下，厚15~20厘米，上面压少量土。土壤贫瘠的油茶园，要施足底肥或压青后灌水再覆盖。需要补肥时，可扒开盖被开沟施入，然后盖好。幼龄油茶园可全树盘覆盖，成年油茶园可全园覆盖。

四、保花保果技术

油茶花果管理是指直接对花和果实进行管理的技术措施。花果管理是油茶园艺化栽培中重要的技术措施。采用适宜的花果管理措施是油茶连年丰产、稳产的保证。提高坐果率的措施主要包括提高树体贮藏营养的水平、保证授粉质量、应用植物生长调节剂等。

（一）提高树体贮藏营养的水平

提高树体的营养水平，特别是贮藏营养的水平，这对花芽质量有很大影响。早秋应尽量提高叶片光合作用效率和延长光合作用时间等，都有利于提高花芽质量和坐果率。

合理调整养分分配方向也是提高坐果率的有效措施。采用及时采果、疏花等措施，能使养分向有利于坐果的方面转化，对提高坐果率具有显著的效果。

对贮藏养分不足的树，在花期喷施尿素、硼酸、磷酸二氢钾等，也是提高坐果率的有效措施。

（二）保证授粉质量

人工辅助授粉的方法有人工点授、机械喷粉、液体授粉等。油茶的有效授粉期一般为4~5天。以人工点授为例，针对坐果率高的品种，可每隔1天授粉1次，而针对坐果率低的品种或在花量少的年份，应多次授粉。

采用机械喷粉。具体方法是把花粉加入200~300倍的填充剂后，用喷粉机进行授粉。也可采用液体授粉，常用花粉溶液配制的比例为水10千克、蔗糖（或砂糖）1千克、硼酸10~20克、纯花粉0.1克或水500克、砂糖25克、46%尿素1.5克、硼砂1.5克、纯花粉1克。硼酸或硼砂不要提前放入，应在溶液使用前再放入。因混合后2~4小时花粉便可以发芽，为此溶液配好后应在两小时内喷完。机械喷粉的授粉效率高，但花粉使用量大，需大幅度增加采花数量。

（三）应用植物生长调节剂

施用某些植物生长调节剂可以提高油茶坐果率。目前应用较多的有赤霉素、α-萘乙酸、尿素、ABT6号生根粉、钼酸铵、硼酸等。近年来，油茶保果的专用生长调节剂能促进油茶花粉萌发和花粉管伸长，平衡补充各种微量元素，有效减少落花落果，显著提高坐果率，增产达30%以上。

思考题

1. 简述低产油茶林形成的原因。

2. 根据改造对象的年龄、单位面积产量和低产林成因，主要有哪些改造方式及具体措施？

3. 低产油茶林改造的技术要点有哪些？

第四章　病虫害综合防治技术

本章提要与学习指导

本章主要介绍了油茶主要病虫害种类和防治技术。通过学习应了解并掌握主要病虫害的特点及防治措施。

随着油茶种植面积的不断扩大，油茶病虫害的发生日趋严重，不同地区病虫害的种类不同，为害程度也不同，严重影响油茶产量和质量，制约着油茶产业的发展。油茶病虫害的普遍发生是造成油茶低产的主要原因之一，加强油茶病虫害综合防治，是保证油茶高产、稳产的一项重要工作，对促进油茶产业健康可持续发展意义重大。长期以来，油茶病虫害的发生及防治未引起人们足够的重视，粗放管理的模式一直没有得到根本性的改变。

近年来，重种植、轻管护、盲目依靠单一化学防治或根本不采取任何形式的病虫害防治措施的情况仍时有发生，这是导致油茶病虫害发生、蔓延的根本原因。油茶病虫害种类较多，近年来新的病虫害种类不断出现，造成的经济损失有所上升。据调查，我国为害油茶的病虫害种类很多，其中病害有50余种，虫害有300余种，还有少量的寄生植物如桑寄生、菟丝子、槲寄生等。每年油茶病虫害造成的损失量为总产量的10%~25%，病虫害严重的年份极少数产区损失达40%~80%。因此，要及时解决油茶病虫害问题。

第一节　油茶主要病害

一、主要病害

1. 按为害部位分类

①叶果病害：油茶炭疽病、油茶软腐病、油茶茶苞病（叶肿病、茶饼病）、油茶煤污病、油茶藻斑病、油茶毛毡病、油茶疮痂病、油茶赤枯病等。

②枝干病害：油茶半边疯（油茶白朽病）、油茶肿瘤病等。

③根部病害：油茶根腐病、油茶根癌病、油茶根结线虫病等。

2. 不同林分类型油茶病害

①苗圃地苗木病害：主要有油茶根腐病、油茶软腐病、油茶炭疽病、油茶根癌病、油茶根结线虫病。

②幼林病害：主要有油茶炭疽病、油茶软腐病、油茶根腐病、油茶茶苞病、油茶赤叶枯病、油茶根癌病。

③成林病害：主要有油茶炭疽病、油茶软腐病、油茶煤污病、油茶藻斑病、油茶根腐病、油茶茶苞病、油茶半边疯。

④低产林病害：主要有油茶炭疽病、油茶软腐病、油茶半边疯、油茶煤污病、油茶肿瘤病、油茶藻斑病。

二、病害发生规律

1. 不同环境条件下的病害发生规律

春季：随着气温的回升，病菌开始新一轮的侵染。油茶茶苞病2月底发病，3月下旬至4月上旬为发病高峰期，气温升高至20

摄氏度以上时停止发病。油茶炭疽病和油茶软腐病于4月下旬开始发病，春梢和叶部出现病斑。油茶煤污病在春季发病，发病高峰期在3月下旬至6月上旬，发病时间与油茶绵蚧和黑刺粉虱的排蜜高峰期一致。

湿季：油茶病害发生的高峰期。高温高湿适宜各种病害的快速发展，油茶炭疽病和油茶软腐病6月进入发病高峰期；8月下旬至9月下旬，在温度、湿度合适时出现第二次发病高峰期。因油茶10~11月为花期，6月在花芽分化期感病的花芽会在11月达到发病高峰期。

干季：气温逐渐降低，病害停止发展，进入休眠状态。这时要清理病枝、病叶、病果等。

2. 油茶病害发生的条件

油茶病害的发生、发展、蔓延成灾都是植株、病原体、环境三者互相作用的结果。在一个稳定的油茶林生态体系中，若环境条件有利于油茶的生长，而不利于病原体的滋生蔓延，就算存在病原体，病害也不会蔓延成灾。相反，如果油茶林的环境不利于油茶生长而利于病原体的大量繁殖，那么病害就会蔓延成灾。

①营林措施与病害：油茶林施氮肥过多，而缺乏磷、钾，油茶林营养生长旺盛从而降低了其抗病性；不合理的套种中耕会导致油茶根系受损，直接使油茶林长势弱，抗病性下降；土壤板结、排水不畅不良致使病原体蔓延；郁闭度大、通风透光不良的油茶林，有利于病原体的发生蔓延，油茶炭疽病、油茶软腐病的发病率较高，落果落叶严重。

②抗病性与病害：植株的抗病性与病害发生的关系很大。油茶中寒露籽比霜降籽抗炭疽病能力强。同一品种油茶中，不同个体的抗病性差异也很大，有易感病株，也有抗病株，抗病株比例

大的林分发病率低。

③海拔与病害：油茶病害的发生与海拔有一定关系。油茶炭疽病一般发生在海拔500米以下的低山丘陵地区，随着海拔的增加，油茶炭疽病的发病率有所下降。油茶软腐病在低丘、高山均有发生。油茶煤污病往往在湿度大的山凹或海拔较高的山区容易暴发成灾。

三、主要病害防治技术

（一）油茶炭疽病

1. 为害症状

油茶炭疽病是油茶最主要的病害之一，在油茶栽培区发生普遍且严重（见彩图7）。油茶感染该病后，会出现落果、落蕾、落叶、枝梢枯死、枝干溃疡，甚至整株衰亡。该病是影响油茶产量的主要因素，各油茶产区因该病年均减产10%~30%，重病区年均减产可超过40%，甚至绝收。油茶果实被炭疽病病菌侵染后，种仁的含油量会降低50%左右。近年来，不同地区油茶种植面积迅速扩大，炭疽病制约着油茶产业的健康发展。

2. 发生特点

病害全年都有发生。初始发病温度为17~20摄氏度，最适发病温度27~29摄氏度。

植株染病后先是嫩叶、新梢发病，后为果实、花蕾发病。夏秋季降雨量大、空气湿度高、病害蔓延迅速。油茶炭疽病一般发生于5月初，8~9月为发病盛期，引起严重的落果现象，可以延续到霜降前后。病蕾在6月初出现，8~10月大量掉落。

就发病率情况而言，一般低山高于高山，山脚高于山顶，林缘高于林内，成林高于幼林。发病期氮肥施得过多常常会加重病情。

不同油茶品种的抗病率不同。一般寒露籽强于霜降籽，单株的抗病性差异更为明显。

3. 防治技术

油茶炭疽病由于初次侵染源广、受害部位多、发病时间长、为害面积大，加之油茶多分布在山区，施药操作比较困难，在防治上存在较大的难度。因此，该病应以预防为主，采用综合治理措施。

（1）种苗检疫

油茶种苗繁育基地所有的种子、苗木、插条、接穗、砧木不能带病，一旦发现苗木感病要及时处理，做好油茶种苗的调运检疫。在苗木、穗条等出圃前严格进行检疫检验，禁止带病的种苗、穗条等流入市场，做好油茶种苗的产地检疫。

（2）营林措施

①清理油茶林。结合油茶林干、湿季垦复消灭病原体。干季垦复一般深挖30~40厘米，达到“土块翻边，草根朝天”。湿季垦复是浅锄，深度一般为10~15厘米，及时消灭杂草，防止土壤干旱，增加土壤通气性，提高植株抗病性。同时结合修剪，剪除树上各发病部位，特别注意剪除发病的新梢，摘除发病早期的果和叶。清除油茶林中的病株，补植抗病植株。②科学管理土壤，调整林分结构。油茶种植密度不宜过大，通风透光，降低林内湿度。若要间作，需选择矮秆作物，忌用高秆作物。适当增施绿肥，发病期不宜多施氮肥，应增施磷、钾肥，以提高植株抗病性。③种植时选用抗病品种。

（3）生物防治

可选用一些拮抗微生物生防菌剂（如油茶专用生防菌剂），可预防病害的发生，同时还可促进苗木生长。生防菌剂对病害的预防效果大于治疗效果。

在果实染病初期选用枯草芽孢杆菌可湿性粉600倍液，每10天喷1次，连喷4次。

（4）化学防治

春季萌芽抽梢期（3~4月）、果实发病盛期（8~9月）、花期（10~11月）是防治油茶炭疽病的关键时期。收果后和幼果开始膨大时可喷洒50%多菌灵500倍液；在早春新梢发出后，喷洒1%波尔多液或选用1%波尔多液加1%~2%茶枯水、50%多菌灵可湿性粉剂500倍液、50%退菌特800~1000倍液等，于6~9月间，特别是病果盛发期前10~15天，每隔15天喷1次，连喷3次。选择晴天喷施，雨过天晴后喷药效果更好。

（二）油茶软腐病

1. 为害症状

油茶软腐病又名油茶落叶病，是仅次于油茶炭疽病的重要病害（见彩图8），在各油茶产区均有不同程度的发生，为害植株各幼嫩部位，主要为害油茶的果实和叶片，以叶片受害最重，导致落叶、落果。病株率达15%~20%，严重时可达95%以上。病害往往成片发生，如遇连续阴雨天扩散速度更快，严重时发病率达100%。南方地区的油茶苗期，全年都有可能发生油茶软腐病，苗木落叶后成片死亡。

2. 发生特点

一般来说，苗圃容易发病。平均气温回升到10摄氏度以上，病菌开始初侵染。气温在10~30摄氏度间，病菌均能发生侵染，但以15~25摄氏度时发病率最高。

油茶软腐病只在阴雨天发生。每次中到大雨后，林间相继出现许多新病株、新病叶。雨量大、雨期长，新病叶出现多；反之，病叶少。4~6月是南方油茶产区多雨季节，气温适宜是油茶软腐病发病高峰期。10~11月若多雨，将出现第二个发病高峰期。

林间湿度较大易造成该病害流行，如凹洼地、缓坡低地、郁闭度过大的油茶林；管理粗放，萌芽枝、脚枝丛生的林分发病比较严重。

3. 防治技术

防治上应以营林措施为主，加强培育管理，提高油茶林的抗病能力。采穗圃、苗圃等可考虑药剂防治。

（1）选育良种

新造林的种苗，宜选用高产、优质及具有抗病性的品种，并逐步淘汰劣质品种和劣株。

（2）严格检疫

严格实行种子检疫制度，严防带菌种子、苗木、穗条作为种用。

（3）营林措施

选择土壤疏松、排水良好的圃地育苗，加强苗圃管理。圃地要及时松土除草，培育大苗要疏密相宜，适度疏枝修剪，发现病苗及时清除，防止病害蔓延。避免从病树上采种。

抓好土壤管理和林相、树体改造工作，同时注意改善林地卫生情况，宜砍除有严重软腐病病史的病株。改造过密林分，清除病叶、病果、病枯梢。

（4）化学防治

根据油茶软腐病的发生规律，应注意选择附着力强、耐雨水冲刷、药效持续时间长的药剂。波尔多液、多菌灵、甲基托布津等药剂均有较好的防治效果。1∶1∶100等量式波尔多液，晴天喷药后附着力强，耐雨水冲刷，药效可持续20天以上，是目前较理想的药剂。喷药时间以“治早”为好，第一次喷药在春梢展叶后尽快进行，用1∶1∶100等量式波尔多液全树喷雾，以保护春梢叶片。雨水多、病情重的林分，5月中旬到6月中旬再喷1~2次，间隔期为20~25天。

（三）油茶煤污病

1. 为害症状

油茶煤污病又称“煤病”“烟煤病”（见彩图9），主要为害油茶枝叶，在叶正面及枝条表面产生黑色煤尘状物，在枝叶表面形成一层很厚的覆盖层，使油茶光合作用受阻，生长衰弱，影响油茶树生长和结实，降低油茶的产量和品质。

2. 发生特点

油茶煤污病喜凉爽、高湿的环境，发生的最适温度为10~12摄氏度。油茶绵蚧和黑刺粉虱的分泌物是本病的诱因，病害也随它们的活动而传播。

一般油茶煤污病病菌在油茶枝叶蛰伏，3~6月和9~11月为发病盛期，与油茶绵蚧排蜜高峰期（3~4月和9~10月）相重合。

该病主要发生在荫蔽的油茶林地，或地势低洼、周围通风条件差的林地。林分密度过大，以及处于阴坡和山窝等处的林分也易发病。油茶林湿度大发病重，盛夏高温时期、病害停止蔓延。

油茶煤污病经常在海拔300~600米的林分中发生，低山丘陵地区虽也有发生，但一般不严重。

3. 防治技术

油茶煤污病主要随虫害猖獗而流行，防治的关键在于治虫。

（1）营林措施

选择优良的抗病品种。发病初期，及早除去病虫枝叶，以免扩散蔓延。成林应注意修枝、间伐，保持适当的种植密度，使林内通风透光，这既有利于油茶开花坐果，又可减轻发病程度。此外，在林内栽植山苍子是防治油茶煤污病的有效措施。

林下套种牧草，如苜蓿、白三叶等豆科牧草，可促进油茶生长，减少化学肥料的施用，提高经济附加值，促进林牧业的协调发展。豆科牧草花期长，利于吸引蜜蜂等有益昆虫，减少蚜虫的为害。同时可改良土壤，增强油茶抗病性。

（2）生物防治

黑缘红瓢虫是蚧虫的主要天敌，成虫有群集性和假死性，较易捕集，可在密度高的林分中收集，携至发现蚧虫和油茶煤污病的林分中释放。每株释放1~2只黑缘红瓢虫可达到控制蚧虫和油茶煤污病的目的。黑缘红瓢虫的远距离运输以在干季低温期进行为好。

（3）化学防治

防病必须先防虫，凡发生油茶煤污病的油茶林，一般害虫为害严重。发现蚧虫、蚜虫这类害虫时，在虫孵化盛期至2龄前喷药，即用10%吡虫啉乳油800倍液，或50%三硫磷1500~2000倍液等防治。施用农药时应注意保护害虫的天敌，在蚧虫密度不高的林分中不宜滥用农药。三硫磷对黑缘红瓢虫的毒性较小。

（四）油茶藻斑病

1. 为害症状

油茶藻斑病主要为害油茶的叶片和嫩枝，使叶片褪色和早落（见彩图10）。

2. 发生特点

油茶藻斑病每年4月开始至9月结束，6月属传播侵染的盛期。油茶藻斑病在油茶密集、阴湿、通风透光不良条件下发病严重，空气湿热有利于发病。管理不善、树势衰弱易促使病害发展蔓延，影响油茶的生长。土壤贫瘠、积水的地块，发病严重。

3. 防治技术

（1）营林措施

加强油茶林清理，及时疏除徒长枝和病枝，适当修剪，促使通风透光，降低油茶林内湿度。多施磷、钾肥，可以增强树势，提高抗病性。

（2）化学防治

针对发病严重的油茶园，可以在4~6月或采果季节结束后，喷杀菌剂进行防治。1%波尔多液喷雾防治效果较好，可减轻次年病害的发生。

（五）油茶根腐病

1. 为害症状

油茶根腐病是油茶种植中常见的一种根部病害（见彩图11、12），主要为害油茶幼苗，多发生在近地面的茎基部或根茎部。病害先侵染苗木根茎部，逐渐扩大成块状腐烂病斑。在潮湿条件下，其表面产生的白绢丝状物可蔓延至地面，最后变为淡红色或黄褐色或茶褐色的油茶籽状小颗粒。油茶树感病后，新梢抽发少，叶片褪绿发黄，严重时变褐色枯萎、开花少，最后整株枯死。

2. 发生特点

油茶根腐病的发生一般与土壤环境、栽培管理有很大关系，土壤黏重、地势低洼、保水保肥能力差的土壤种植的油茶容易发病。

病原菌适宜生长于pH值为4左右的土壤中，特别是土壤黏重、排水不良的圃地。酸性和中性土壤病害发生重，碱性土壤发病则轻。在自然状况下，可以一病株为起点，向周围邻株蔓延为害，形成小块病区。7~8月是重病株死亡期。

土壤中的病原菌是每年苗木发病的重要侵染来源。病原菌菌丝能沿土表向邻株蔓延，特别是在潮湿天气，当病株、健株距离较近时，菌丝极易蔓延扩展。此外，调运病苗、移动带菌泥土，以及使用带菌工具也都能传播病原菌。

3. 防治技术

（1）营林措施

选用土壤疏松、排水方便的圃地育苗，圃地育苗要密度适宜，发现病苗要及时清除，防止病原菌蔓延。发病严重的圃地，可与禾本科作物进行轮作，轮作年限应在4年以上。发病圃地里，每亩施生石灰50千克，可减轻次年的病害。清除油茶林行间的杂草，干季结合垦复和修剪，清理病枝、病叶、病果，有利于通风透光，可减轻病害的发生。选择适宜的油茶树品种，应尽量选择抗病丰产良种。在炎热的湿季，用透明的塑料薄膜覆盖于湿润的土壤上，促使土温升高，杀死菌核，从而达到防治病害的目的。

（2）生物防治

在发病地区，采用木霉菌、假单胞杆菌及链霉菌等微生物菌剂处理植物的种子或其他繁殖器官，有较明显的防治效果。

（3）化学防治

移栽前用熟石灰或50%福美双等药剂处理土壤，多菌灵与福美双混合药粉消毒更加有效。发病初期，可使用50%多菌灵可湿性粉剂，或50%甲基托布津可湿性粉剂500倍液，或30%噁霉灵进行防治。发病严重的植株或枯死的植株应及时拔除，并仔细掘取其周围的病土，添加新土并用熟石灰拌土覆盖，防止病害发生传播。

第二节　油茶主要虫害

一、油茶主要害虫种类

（1）按为害部位分类

①种实害虫：茶籽象甲、桃蛀螟等。

②食叶害虫：油茶毒蛾、油茶尺蠖、铜绿丽金龟、油茶叶蜂、绿鳞象甲、茶角胸叶甲、茶假眼小绿叶蝉、茶细蛾、茶小卷叶蛾、茶长卷叶蛾、茶奕刺蛾、日本卷毛蚧、黑刺粉虱、柑橘斜脊象甲、八点广翅蜡蝉、桔柑灰象、茶褐蓑蛾等。

③枝梢害虫：小窠蓑蛾（茶袋蛾）、茶梢蛾（茶梢尖蛾、茶梢蛀蛾）、油茶织蛾（油茶蛀蛾）、茶堆砂蛀蛾、黑跗眼天牛（蓝翅眼天牛）、油茶宽盾蝽、八点广翅蜡蝉、油茶绵蚧等。

④蛀干害虫：黑跗眼天牛、茶天牛（茶褐天牛）、油茶织蛾、茶堆砂蛀蛾、相思拟木蠹蛾等。

⑤食根害虫：金龟子、黄翅大白蚁、黑翅土白蚁、东方蝼蛄等。

二、油茶虫害发生条件

不同种类油茶害虫的生存条件也不同。如茶籽象甲喜欢生活在海拔较高的山区，而在同一座山上，其数量自山顶至山脚有逐渐减少的趋势；一般是老林多于幼林，林缘多于林内；大面积纯林多于分散零星林与套种间作林，管理粗放油茶林多于抚育管理好的茶林；晚果型林多于早果型林，果皮光滑的青果型林多于果皮粗糙的紫果型林。油茶枯叶蛾在低山丘陵油茶林居多，在海拔300米以上的山区调查发现，虫口密度油茶林山脚大于山腰，山腰大于山顶，正好与茶籽象甲的垂直分布相反。油茶绵蚧在海拔300~800米之间生活的居多，海拔400~600米之间最适生存；一般喜欢生长在荫蔽、湿度较大的山区或半山区，在同一山谷中，山坳比山脊多；在同一片油茶林中，密林、郁闭大的油茶林多于疏林与郁闭小的油茶林。茶梢蛾喜欢生活在温度稍高而又较干燥的丘陵地带。

枝干害虫和果实害虫的隐蔽性较强，防治较难，对油茶产量和质量影响较大；食叶害虫如果不是大量暴发，不会影响次年新叶的萌发。

了解各种害虫最适宜的生存条件，对油茶栽培地点和品种的选择，以及防治措施的选择十分重要，是贯彻害虫治理“预防为主、综合防治”的基础。

三、主要虫害防治技术

（一）油茶毒蛾

1. 为害症状

幼虫取食油茶叶，并啃食幼芽、嫩枝外皮及果皮。

2. 生活习性

以卵蛰伏。卵块表面密盖绒毛，每个卵块有卵30~192粒。成虫喜择生长茂盛的油茶林产卵，亦喜在生长较矮的植株上和树体主干萌芽上产卵。喜温、喜湿，怕高温、干旱。

3. 防治方法

①早春摘除蛰伏卵块。将枯黄或灰白色膜质和被害叶片摘掉，将幼虫杀死。蛹期结合茶林抚育灭蛹，利用培土壅根，培土7~10厘米，打实，使土中蛹不能羽化，或烧毁地面枯枝落叶层中的蛹。

②对3龄前幼虫喷施0.2%阿维菌素乳油2500~3000倍液。夏季使用青虫菌或杀螟杆菌灭虫，或混合使用这两种菌剂灭虫。

③利用黑光灯诱杀。

（二）油茶尺蠖

1. 为害症状

幼虫取食油茶叶，虫害严重时油茶叶片被食光，果实不到成熟即脱落。若连续两三年油茶严重受害，植株枯死。

2. 生活习性

1年发生1代，蛹在油茶树蔸周围的疏松土壤中休眠，次年2月中、下旬开始羽化、交尾、产卵。2月中下旬至3月上中旬为产卵盛期，2月中、下旬产的卵历期长达1个月以上，3月中旬产的卵历期仅半月。3月下旬孵化出幼虫，6月上、中旬幼虫老熟后下树化蛹，幼虫期平均为60.15天，最长71天，以蛹越夏、蛰伏，蛹期平均为261.5天，最长271天。初孵幼虫群聚取食，受惊即吐丝下垂，随风飘荡扩散，2龄后开始分散取食，静止时尾足紧攀树枝，似小枝状，突然受惊有下坠的习性。

3. 防治方法

①清晨进行捕打，或用灯光诱杀成虫，秋季结合垦复进行培土，将蛹埋在7厘米以下土中。

②幼龄幼虫期喷洒阿维菌素，或20%氰戊菊酯乳油2000~3000倍液，或鱼藤精乳剂300~400倍液；2~3龄幼虫喷施白僵菌、苏云金杆菌每毫升1亿~2亿孢子的菌液。

（三）铜绿丽金龟

1. 为害症状

成虫食叶，咬断花柄，影响林木生长，造成落花。

2. 生活习性

铜绿丽金龟1年发生1代，以3龄幼虫、少数2龄幼虫在土里蛰伏。次年4月初休眠，5月上旬化蛹，5月中旬成虫羽化，6月中旬至7月中旬是成虫为害盛期。成虫羽化依次延迟，始于6月上旬，6月中下旬至7月上旬为羽化高峰期，到8月下旬终止。卵经10天孵化，幼虫在表土中为害苗木根、茎，10月以后钻入深土中休眠。

3. 防治方法

①在成虫发生期，用黑光灯或火堆诱杀成虫，或于傍晚成虫成群飞到树上取食时，在树下放塑料布，震落捕杀。

②用敌敌畏插管烟剂熏杀效果良好，或喷施50%辛硫磷乳液800~1000倍液防治。

（四）绿鳞象甲

1. 为害症状

幼虫取食树木细根，成虫取食油茶的嫩枝、芽、叶，能将叶食尽，为害严重时啃食树皮（见彩图13）。

2. 生活习性

1年发生1代，以成虫及老熟幼虫在土中休眠，次年3月下旬、4月上旬休眠幼虫化蛹，休眠成虫也出土活动，白天取食林木的芽、叶及嫩枝补充营养，夜晚及阴雨天躲于杂草丛中或落叶下。成虫受惊即下落，并立即爬走逃跑。我国南方地区4~10月均有成虫活动，卵产于疏松肥沃的冲积土中。最早于7月底、8月初幼虫逐渐老熟，9月羽化为成虫。成虫不再出土，在土室休眠。部分发育迟的幼虫，9月作土室，幼虫在土室内休眠。

3. 防治方法

①人工捕捉成虫，集中消灭。

②4月中下旬，用90%敌百虫、或50%马拉硫磷、或50%倍硫磷乳油1000倍液，或者喷施浓度为每毫升含0.5亿孢子的白僵菌喷雾。

（五）小窠蓑蛾（茶袋蛾）

1. 为害症状

幼虫在护囊中咬食叶片、嫩梢或剥食枝干、果实皮层。1~2龄幼虫咬食叶肉，被害叶片留下一层表皮，形成半透明枯斑；3

龄后幼虫咬食叶片形成孔洞或缺刻，甚至仅留主脉。该虫喜集中为害。

2. 生活习性

1年1代地区，以老熟幼虫休眠，次年不再取食，4月下旬化蛹，5月中旬雌性成虫产卵，6月上旬幼虫开始为害，6月下旬至7月上旬为为害严重期，一直到10月中、下旬封囊休眠。1年发生2代地区以3~4龄幼虫（也有少数老龄幼虫）休眠，次年2月气温达到10摄氏度左右时开始活动取食，5月上旬开始化蛹，5月中旬开始产卵，6月上旬第1代幼虫为害，7月出现第1次为害高峰，8月上旬开始化蛹，8月中旬可见成虫羽化，8月底、9月初第2代幼虫孵出，9月出现第2次高峰，取食到11月出现休眠状态。

3. 防治方法

①人工摘除护囊。

②于7月上旬用机动喷雾器喷施90%敌百虫晶体水溶液、或2.5%溴氰菊酯乳油5000~10000倍液。也可以喷施每毫升含1亿~2亿孢子的苏云金杆菌、杀螟杆菌菌液。

（六）大袋蛾（大蓑蛾、大窠蓑蛾）

1. 为害症状

幼虫取食油茶叶、嫩枝皮和幼果皮。

2. 生活习性

1年发生1代，绝大部分以老熟幼虫在护囊中休眠，于9月化蛹并羽化成虫，10月第2代幼虫出现。休眠幼虫于4月中旬至6月下旬化蛹，成虫羽化期为5月上旬至7月上旬，羽化盛期为5月下旬，并很快交尾产卵。幼虫孵化期为5月下旬至7月下旬，孵化盛期为6月上旬，直至11月以后老熟幼虫封囊休眠。卵期17~21天，幼虫期210~240天，雌蛹期13~26天，雄蛹期24~33天，雌成虫期12~19天，雄成虫期2~3天。休眠幼虫一般不再活动或微活动取食，老熟幼虫化蛹前在护囊中需调转身体，头倒向下排粪孔，以利于羽化后雄蛾出袋和雌成虫头胸伸出袋外释放出信息素，招引雄虫。成虫羽化多在下午和晚上。

3. 防治方法

①人工摘除护囊。利用黑光灯诱杀雄成虫。

②喷施除虫脲悬浮剂7000倍液。

③采用生物防治，利用蓑蛾黑瘤姬蜂、费氏大腿小蜂、或大袋蛾核型多角体病毒等进行防治。

（七）茶树丽绿刺蛾

1. 为害症状

幼虫取食树叶下表皮及叶肉，仅存上表皮，形成圆形透明斑，或将叶片吃成很多孔洞、缺刻。4龄后幼虫取食全叶，仅残留叶柄，严重影响树木生长及果实产量，致使树枯木死。

2. 生活习性

4月下旬后化蛹，5月中旬至6月中旬成虫羽化产卵，卵经1周孵化，幼虫期26~32天，7月中旬以后老熟幼虫结茧化蛹，蛹期半个月，7月下旬第1代成虫羽化产卵，7月底至8月初第2代幼虫孵化，8月下旬至9月中旬幼虫陆续老熟，结茧休眠。

3. 防治方法

①人工摘除休眠茧。

②幼虫发生期喷施20%除虫脲悬浮剂7000倍液、苏云金杆菌乳剂500倍液。

③保护天敌刺蛾紫姬蜂、广肩小蜂。

（八）油茶织蛾（油茶蛀蛾）

1. 为害症状

幼虫从上到下蛀食油茶枝条，蛀食初期枝上芽停止伸长，后蛀枝中空部位以上全部枯死。

2. 生活习性

1年发生1代，以幼虫在被害枝干内休眠。次年3月上、中旬，日平均气温达10摄氏度左右时，幼虫开始复苏取食，4月中、下旬化蛹。5月下旬、6月上旬羽化成虫产卵，卵期平均为19.5天，最长25天。6月中、下旬为幼虫孵化盛期。幼虫期平均300天，最长310天。蛹期平均33.1天，最长39天。雌蛾寿命长于雄蛾，雌蛾平均寿命为5天，最长10天。

3. 防治方法

①每年8月剪除被害枯枝，集中进行无害化处理。对较密的油茶林应及时疏伐与修剪，保证林内通风透光。连续2~3年，在害虫羽化盛期进行灯光诱杀。

②幼虫孵化期，喷施8%氯氰菊酯微胶囊剂200~300倍液。

（九）黑跗眼天牛

1. 为害症状

幼虫蛀食油茶枝条，被害枝条极易风折，严重影响油茶树的生长及茶籽产量和出油率。

2. 生活习性

2年1代地区，幼虫3月底到5月下旬化蛹，4月下旬到6月上旬出现成虫，卵期10天左右，5月中旬到6月中旬孵化幼虫，各虫态历期18~20天，幼虫期长达22个月。成虫飞出2~3小时即爬在叶背上取食叶脉，有时也取食少量叶肉和嫩枝的皮层。

3. 防治方法

①卵期用锤击产卵刻槽，以杀死卵。干季结合抚育管理剪去虫枝，及时进行无害化处理，减少虫源。

②成虫产卵期前使用8%氯氰菊酯微胶囊剂300倍液。

（十）茶梢尖蛾（茶梢蛀蛾）

1. 为害症状

幼虫潜入油茶叶片内取食叶肉、蛀食春梢和叶柄基部，油茶枝梢被害后枯萎，被害梢枯死部分长达60~80毫米。

2. 生活习性

一般1年发生1代。以小、中龄幼虫潜在叶片或枝梢内休眠，次年3月中旬油茶春梢抽发后，幼虫转入嫩梢为害。8月中旬到9月下旬化蛹。8月下旬到10月中旬成虫羽化。卵期40天，幼虫期10~11个月，蛹期55天，成虫期50天。

3. 防治方法

①在幼虫盛期，剪除被害叶、枝放于纱笼或简易阴棚内，待寄生蜂等天敌羽化后，将被害叶烧毁。

②于3~4月，幼虫转移时，喷洒90%敌百虫晶体粉剂500~1000倍液，或喷洒每毫升含2亿个孢子的白僵菌喷雾，均可获得较好的效果

（十一）日本卷毛蜡蚧

1. 为害症状

寄生于叶背或小枝上吸取汁液，并分泌蜜露诱发煤污病，受害油茶林整片发黑，造成油茶落花、落果、落叶，甚至全株枯死。

2. 生活习性

1年发生1代，受精雌成虫于枝、干或杂草覆盖的树干基部休眠。次年春雌成虫在卵囊形成前转移到叶片背面为害。4月中旬产卵，5月上旬为盛期，产卵期5~15天，卵期30~35天。5月中旬开始出现若虫，6月上旬为孵化盛期。10上旬雄虫化蛹，预蛹期4~6天，蛹期8~15天。10月下旬开始羽化，11月上旬为羽化盛期。雄虫为害达5个月，雌虫为害长达11个月左右。初孵若虫善

爬行，活动力强，是扩散蔓延的主要虫态，若虫群聚在叶片背面为害，一般不转移，但原寄居的叶片将要脱落时，有迁往正常枝叶为害的习性。

3. 防治方法

①在3月下旬到4月初雌蚧产卵前，在每株油茶树上散放2头黑缘红瓢虫。

②在6~8月若虫为害严重时，可喷洒50%马拉硫磷乳剂1000倍液或25%亚胺硫磷乳剂2000倍液。

第三节　油茶病虫害防治策略

当前，国际市场对茶油品质要求日益提高，国内对食品安全日益关注，油茶产业在解决大幅增加产量的同时，要保持茶油的优良品质。而要长期保持油茶林的健康，确保茶油高品质，防止污染，就必须建立以生态控制技术为主的无公害防治技术体系，即以营林技术控制为基础，大力提倡生物防治，协调配合物理防治，再辅以化学防治的一系列绿色综合防控措施。将油茶病虫害控制在允许的经济阈值以下，能保证高品质茶油的高产稳产，最终促进油茶种植户和相关企业的增产增收。

一、选育应用抗病虫良种

根据油茶常见病虫害的特点，培育新的油茶品种，并根据油茶种植地病虫害发生的具体情况，选择合适的抗病虫品种进行推广种植，使抗病虫品种尽快走进千家万户。这样不仅能够选育出新品种，而且能增强油茶的抗病能力和生长能力。加强对抗病和抗虫油茶品种的选育，是防治油茶病虫害最直接和最便捷的措施。

二、营林技术

1. 调整林地生态环境和优化种植结构

随着油茶新造林面积迅速扩大，一些地方采取大面积机械化整地，大面积单一品种纯油茶林种植模式，一些常见的病虫害可能上升为主要病虫害，流行广，为害重。因此在造林时，不能简单求快，还需考虑不破坏生态环境，考虑植物生长发育与环境的协调性，减少一些常见病虫害集中、大范围发生与蔓延。同时要服从于整个林业生产结构调整和油茶增产、农民增收、经济发展的要求，选择具有最佳经济效益、生态效益的品种配置及种植模式，保证油茶有一个稳定的种植面积，真正变资源优势为产量优势和质量优势。这也是生态调控的手段之一。

2. 加强抚育管理，保护害虫的天敌，提高油茶抗病虫能力

油茶林的垦复和林间套种要防止全垦、作物单一化，要注意保留杂草、杂灌木带，有计划地种植绿肥，提高林地覆被率，有利于林地水土保持。增加能招引有益昆虫的植物种类，为有益昆虫提供更多的食料，创造良好的越夏环境。结合修剪，剪除树上各发病部位，特别注意剪除发病的新梢，摘除早期的病果和病叶。清除油茶林中的历史病株，补植抗病植株。科学管理土壤，发病期不宜多施氮肥，应增施磷、钾肥，以提高植株抗病性。

三、生物防治技术

在种植点的合理区间范围内设置监测点，对病虫害进行监测，为病虫害防治提供预警。生物防治对人畜安全，不污染环境，对作物无不良影响，一般也不会产生抗性等。最有效果的是内生拮抗微生物、病原微生物、寄生性昆虫，如白僵菌、苏云金杆菌、黑缘红瓢虫、姬蜂、小蜂、黑卵蜂等，这些生物资源在油茶林中十分丰富，具有广泛的利用前景。

四、物理防治技术

根据油茶林发生的害虫种类，可在油茶林使用诱虫灯、黏虫板等诱杀害虫，落叶前使用瓦楞纸诱虫带、诱蛾草把等将害虫集中诱集消灭。

五、化学防治技术

当某些病虫害失去控制暴发成灾时，再考虑使用化学防治扑灭病虫害，减少损失，但必须注意合理用药、科学用药，以便把污染环境、杀伤天敌和有益生物等破坏生态平衡的副作用降到最低。科学施药既能够保护害虫的天敌，又能够处理病虫害，从而有效降低成本。生产上，需要把握防治时机，精准选药，可采用现代智能植保装备与精准施药技术控制施药量。

思考题

1. 油茶主要病害有哪些?
2. 油茶主要病害和虫害的防治技术要点有哪些?

第五章　果实采收与贮存

本章提要与学习指导

本章主要介绍了鲜果采收、脱蒲及干燥和油茶籽的贮藏。通过本章学习应了解并掌握不同脱蒲方式的特点及不同用途的油茶籽贮藏的要点。

一、鲜果采收

油茶籽在8月下旬至11月下旬果实成熟前这段时期为油脂转化积累期，此时果实体积增长极少，但果皮刚毛大量脱落，果实充分成熟，油脂持续积累并达到高峰。除了油脂含量的极速变化，油茶籽的出仁率、含水率及油脂的脂肪酸组成也在发生着重要变化。过早采摘未完全成熟的油茶果，在烘干和晒干处理过程中果不易开裂，容易出现“死果”现象，需要人工锤击才能破壳取籽，且油茶籽含油率比正常值低10%以上，油脂品质较差，油酸及微量活性成分含量降低。此外，也应避免过迟采摘，否则，油茶果易掉落或开裂，油茶籽不但容易受地面的虫害和微生物侵染，且收拣困难，易造成浪费。因此，适时采收对保证油茶籽含油率与茶油品质至关重要，必须在其充分成熟的时候采收，才能获得较高的含油率和较优的品质。

油茶的品种或无性系很多，品种不同，果实成熟期也不一样。由于立地条件的不同，同一品种在不同年份，果实成熟时间也有差别。我国大部分油茶品种的果实成熟期都在9月中旬至11月上旬，海南油茶一般在11月中旬成熟。果实生理成熟的一般表现是胚已发育完善，具有发芽能力，种仁含油率达35%~45%；11月20日前后时，种仁含油率达到最高峰，至果实自然脱落为完全成熟，即种子已经成熟，果实采收一般以这个时期最佳。

果实成熟期常受当年气候的影响而提前或推迟3~5天，这具体应视当年天气和果实成熟情况而定。一般在高温干燥年份果实会提早成熟，低湿阴雨年份常会推迟成熟；低纬度、低海拔地区提早成熟，高纬度、高海拔地区推迟成熟。

同一品种林分以果实出现部分开裂（1/5左右）时开始采摘为宜。未完全成熟的油茶种仁含油率只有30%~35%，完全成熟的种仁含油率可达40%~60%，采收一般在7~10天内完成。成熟的油茶果一般呈现以下几个特征：一是果皮上的刚毛自动脱落，果实表面光滑明亮；二是果皮颜色的变化，红色油茶果果皮为鲜红色或红中透黄，黄色油茶果果皮为橙黄色或黄褐色，青色油茶果果皮由深青色转变为淡黄色或青黄色；三是树上少量油茶果皮微裂，易剥开；四是种子乌黑有光泽或呈深棕色；五是种仁为乳黄色。采收时动作要轻，不可用敲打、摇树和折枝等方法采收，以免损伤树枝和花苞，影响次年的产量。

二、脱蒲及干燥

（一）脱蒲

油茶鲜果由果蒲和油茶籽组成，果蒲含水率较高，约70%，易霉变，进而影响油茶籽的质量，因此采后必须及时脱蒲干燥。

现有脱蒲方式主要有自然晾晒脱蒲、机械脱蒲和爆蒲。

1. 自然晾晒脱蒲

将采收的油茶鲜果摊开于地面、大帐或者竹席上，进行自然晾晒，待果蒲开裂后取出油茶籽（见彩图14）。一般晒一周左右，油茶果就会自然开裂，多数油茶籽会自动与果蒲剥离，少数未自动剥离的要手工剥离。传统上油茶果采摘后需堆放5~6天，以促进油茶果后熟和果壳开裂，再摊开晾晒。但多项研究发现，堆沤处理不能提高油茶籽的含油率，反而会降低油茶籽的含油率和油脂品质。

自然晾晒脱蒲虽然成本低，但是周期长，人工成本很高。这种脱蒲方式对自然环境条件的依赖程度很高，如果遇到阴雨天气不能及时脱蒲干燥，还会造成巨大的经济损失。

2. 机械脱蒲

机械脱蒲是采用机械撞击、碾压、揉搓、剪切等方式对油茶果进行脱蒲，并通过机械筛将果蒲和油茶籽进行分离。

不同品种的油茶在鲜果大小、籽粒大小、果皮硬度与韧性、果壳开裂程度等性状上差异较大，因此，有必要在机械脱蒲前根据油茶鲜果的直径、开裂程度、品种等进行预分级，以达到较好的脱蒲效果。

3. 爆蒲

爆蒲是通过60~70摄氏度高温快速烘烤处理果蒲直至其全部裂开，再将果蒲与油菜籽进行分离。

表8 油茶果不同处理方式下的含水率、含油率及油脂品质表

处理方式	含水率/%	含油率/%	酸值/（毫克/克）	过氧化值/（克/100克）	角鲨烯/（微克/克）	β-谷甾醇/（毫克/克）	α-生育酚/（毫克/100克）
直接晾晒	8.96	43.88	2.73	0.08	131.4	1.12	33.80
堆沤	8.21	42.78	8.49	0.28	90.44	0.94	26.60
爆破（烘烤）	9.10	41.95	2.78	0.08	120.2	1.04	32.40

目前，我国油茶果的脱蒲技术相对成熟，而蒲籽分离的相关技术仍旧处于起步阶段。在油茶果蒲籽分离方面，主要有色选、摩擦、齿光辊、气动、筛网、浮选6种方式。色选设备成本较高，适用于工厂产业化发展；摩擦型分离效果不好，分离过程较难控制；齿光辊型筛选利用蒲籽结构不同的特点，筛选精度较高、处理量较大；气动分离与筛网分离效果不明显，常与其他方式组合使用。

（二）干燥

在南方，新鲜油茶果或油茶籽因水分含量较高而极易霉变，不易贮藏，新鲜油茶籽应及时干燥，使其中的水分降至安全含水率10%以下，防止霉变，因此，干燥是油茶籽加工和利用的第一道工序，对茶油的品质和出油率有重要影响。干燥工艺对茶油品质有显著影响，目前油茶籽常用的干燥方式有：自然晾晒、机械干燥。

1. 自然晾晒

新鲜油茶籽的传统干燥方法为自然晾晒，晾晒时应将油茶籽晒在洁净的水泥晒场、聚乙烯布、帆布或者蒲席上，厚度不大于5厘米，晾晒期间要定期翻搅，注意不要在柏油路面、不洁场地和周围有污染源的地方晾晒，避免油茶籽受到污染。

自然晾晒受天气影响最大，且晾晒时间太长，不利于对大规模的油茶籽进行干燥处理。油茶籽的收获时间一般是每年的11月左右，此时，南方地区多阴雨，不利于油茶籽的自然晾晒。

2. 机械干燥

机械干燥技术是以机械为依托，采用相应的工艺和技术措施，人为控制温度、湿度等因素，在不损害物料品质的前提下，降低油茶籽的含水率至安全范围。机械干燥能有效减少连绵阴雨等灾害性天气所造成的损失，此外，还具有减轻劳动强度，改善劳动条件，提高劳动生产率等显著优势。

（1）热风干燥

目前生产中常用的油茶籽干燥方法主要是热风干燥，油茶籽的干燥设备主要有塔式烘干机、平板式烘干机、箱式烘干机。塔式烘干机形如高塔，内装有角状气道。塔式烘干机最大的优点是占地面积小、内部容积大、烘干效率高，但设备复杂、造价高、能耗大，适用于大型的油茶籽加工企业。平板式烘干机可连续进料出料，但仅适用于含水率较低的油茶籽，含水率一般需小于10%。箱式烘干机具有设备简单、投资小、烘干效果好和适用性强等优点，是目前油茶籽干燥设备中应用最广泛的一种。

采用热风干燥可显著提高油茶籽干燥效率，控制油茶籽酸值、过氧化值的升高，提高茶油品质。烘干时应根据油茶籽含水率，严格控制热风温度，整个干燥过程最高温度不应超过70摄氏度。

（2）微波干燥

微波干燥是通过物质内部分子间的摩擦碰撞使动能转化为热能的干燥方法。这种干燥方法的优点是水分自内部向表面传递，热量也由内部向表面传递，水分蒸发方向与热量传递方向一致，因此被干燥物料不易形成表面龟裂或皱缩，升温快速，热量损失较小。但是，微波干燥虽然速率快、干燥时间短，但干燥温度较高，容易使油茶籽蛋白变性程度增大，油脂外溢而与氧气接触，因此油脂的过氧化值和酸值都较高，而且微波干燥的成本较高，不适合油茶籽加工企业规模化生产应用。

三、油茶籽的贮藏

油茶籽采收期集中在每年10~12月，如果贮藏不当，会造成油茶籽的发热、发霉及油脂酸败，经济价值大幅度下降。油茶籽在贮藏前应先进行清选，除去不饱满籽、空籽、果壳等杂质，使纯度达到95%以上。通常条件下，油茶籽贮藏期不宜超过5个月，油茶籽加工企业通常只在11月至次年4月进行生产，其余约半年时间没有原料而处于停产状态，直接影响企业的经济效益。而油茶籽原料品质直接影响茶油的品质。适宜的贮藏条件既能延长油茶籽的保存时间又能提高油脂的稳定性，有利于企业规模化生产。

（一）影响因素

1. 温度

油脂的自动氧化速度随温度升高而加快，一般温度每升高15摄氏度氧化速度就增加一倍，可见温度升高会引起品质的劣变。有研究表明，7摄氏度以上的环境会对含油率产生永久性负面影响，特别是当油脂开始积累时暴露于高温环境中。中国林业科学研究院亚热带林业研究所对油茶籽在常温和4摄氏度冷藏期间油脂品质的研究发现，4摄氏度冷藏条件能有效抑制油茶籽的酸值和过氧化值的上升，并有效保持油茶籽中维生素E、角鲨烯、β-谷甾醇等活性物质的含量。

2. 含水率

经典的种子生理学理论认为，5%~7%的含水率是种子贮藏水分的下限。联合国粮食及农业组织、国际植物遗传资源委员会要求长期保存种子的条件是5%~7%的含水率，目前世界各国普遍采用此标准。一般而言，无论油茶籽在哪种贮藏温度与水分组合条件下，贮藏一定时间后（90天左右）均会出现一定程度的劣变现象，主要表现为蛋白质、可溶性糖和脂肪含量减少，酸值和过氧化值升高，呼吸作用增强，脂肪酶活性和过氧化氢酶活力上升，最终导致油茶籽贮藏品质的下降。研究表明，含水率为20%的油茶籽在贮藏90天后已全部霉变，含水率16%的油茶籽在贮藏180天时开始出现霉变，而7%、10%、13%含水率的油茶籽在整个贮藏期间均未出现霉变现象。通过对不同含水率油茶籽的可溶性糖、可溶性蛋白、粗脂肪含量及脂肪酸组成、酸值、过氧化值、活性物质等的变化研究，证明了油茶籽在温度为4摄氏度、含水率为7%的条件下贮藏210天后仍能保持较好的品质。

3. 空气相对湿度

一般来说，长期贮藏种子的空间相对湿度应控制在25%以下，短期贮藏种子的空间相对湿度应控制在65%以下。研究表明，相对湿度低于75.5%、水分含量在9.8%以下储藏7个月后，油茶籽中所含油脂的氧化程度较低，但抗氧化能力有所下降；相对湿度超过80%时，油茶籽贮藏5个月后开始发生霉变，油脂品质指标出现超标现象。研究发现，在相对湿度为65%、温度为20摄氏度、含水率为10%的条件下油茶籽可贮藏110天。

（二）不同用途油茶籽的贮藏

1. 榨油用油茶籽的贮藏

短期储藏的油茶籽可用箩筐或麻袋盛装，堆放于阴凉、干燥、通风的室内，每隔6~7天翻动1次，一般可储藏40~50天。

油茶籽量比较大又不能及时加工榨油时，最好在低温库贮藏，一般温度为0~5摄氏度。油茶籽在入库前应保持含水率在10%以下，库内相对湿度为50%~60%，用麻袋等盛装或散放。散放应控制高度在1米以内，袋装堆垛要控制在6包以下的高度，堆垛离墙距离应不小于50厘米，与地面之间架空30厘米以上。注意不同等级、批次的油茶籽要分开存放。

2. 留种用油茶籽的贮藏

①油茶籽用箩筐等盛装，放于20摄氏度以下干燥、通风的室内，一般在干季可贮藏50~60天。

②将种子与含水率为5%的湿沙按体积为1：1的比例混合均匀，平铺于干燥、通风的室内；种子和沙的铺摊厚度不可超过20

厘米，每隔15~20天淋水1次，可贮藏120天左右。

③油茶籽用编织袋或麻袋等盛装，贮藏于3.5~4.5摄氏度的干燥、通风冷库中，可贮藏1年左右。

思考题

1. 成熟的油茶果一般有哪些特征？
2. 油茶果现有脱蒲方式主要有哪几种？分别有何特点？
3. 榨油用油茶籽和留种用油茶籽贮藏有何不同？

参考文献

［1］付登强，杨伟波，陈良秋，等．海南油茶林土壤养分状况调查［J］．热带农业科学，2013，33（7）：17–20，29.

［2］付登强，陈良秋，杨伟波，等．海南滨海沙地幼龄油茶“3414”肥效研究初报［J］．南方园艺，2015，26（5）：13–16，31.

［3］张冬明，谢良商，张文，等．海南主要油茶林土壤肥力调查与评价［J］．经济林研究，2015，33（1）：79–85.

［4］罗健，王笃雄，李成林，等．土壤管理对海南油茶低产林土壤性质及产量的影响［J］．热带林业，2020，48（3）：44–47.

［5］曾建华，潘孝忠，张冬明，等．海南成林油茶氮磷钾肥配比与施用量的优化［J］．贵州农业科学，2020，48（10）：34–37.

［6］陈萍，王笃雄，罗健，等．海南油茶叶片解剖结构与耐热性比较［J］．热带林业，2020，48（3）：4–10.

［7］贾效成，陈良秋，余凤玉，等．海南本地油茶优良品系遗传及经济性状研究初报［J］，热带农业科学，2018，38（6）：56–60.

［8］陈永忠．油茶优良种质资源［M］．北京：中国林业出版社，2008.

［9］庄瑞林．中国油茶：第2版［M］．北京：中国林业出版社，2008.

［10］邓三龙，陈永忠．中国油茶［M］．长沙：湖南科学技术出版社，2019.

［11］姚小华，任华东．中国油茶遗传资源［M］．北京：科学出版社，2020.

［12］庄瑞林．我国油茶良种选育工作的历史回顾与展望［J］，林业科技开发，2010，24（6）：1–5.

［13］陈永忠．油茶优良种质资源［M］．北京：中国林业出版社，2008.

［14］国家林业局国有林场和林木种苗工作总站．中国油茶品种志［M］．北京：中国林业出版社，2015.

［15］中国科学院中国植物志编辑委员会．中国植物志：第49卷：第3分册［M］．北京：科学出版社，1998.

［16］闵天禄．世界山茶属的研究［M］．昆明：云南科技出版社，2000.

［17］郑道君，潘孝忠，谢良商，等．海南省油茶产业发展现状调查与分析［J］．经济林研究，2015，33（1）：131–135.

［18］陈伟文，赖杭桂．海南特色油茶产业发展现状与建议［J］．热带农业科学，2021，41（5）：120–125.

后 记

油茶是我国特有的优质木本油料树种，与油棕、椰子、油橄榄并称为世界四大木本油料树种。茶油是世界公认质量上等的食用油之一，被联合国粮食及农业组织列为重点推广的健康型食用油。油茶树在海南被称为山柚树，为山茶科山茶属中种仁含油率较高、以获取木本油料为目的而栽培的一类作物。海南岛因其独特的地理环境、生态环境和气候条件，孕育了丰富而独具特色的热带油茶种质资源，所产山柚油因香气浓郁、持久而深受群众喜爱，长期食用可降低胆固醇，有预防和治疗皮肤损伤和消化系统疾病的作用。油茶还能通过油脂的深加工生产高级保健食用油和高级天然护肤化妆品等，加工副产品茶枯饼可提取茶皂素，制造刨光粉、有机肥和复合饲料，茶壳可提取糠醛、鞣料和制造活性炭等，通过综合利用可大大提高油茶的经济效益。

油茶是海南省的新兴热带经济作物，也是海南省政府提出需大力扶持发展的重要经济作物。目前，海南省油茶产业已有一定的规模，随着国家及海南省支持政策的陆续出台，对油茶产量和产品质量都有了更高的要求，因此，对油茶新品种、配套生产技术的总结与示范极为迫切。与此同时，及时向广大生产者介绍油茶新品种与新技术，可更好地推进海南油茶产业发展。

为了提高海南油茶的种植水平，帮助广大油茶种植户进一步种好油茶，海南出版社组织中国热带农业科学院椰子研究所油茶研究中心10余名资源与育种、营养与栽培、植物病理学、昆虫学等方面的研究人员编写本书，供广大油茶种植户、科技工作者等参考。

特别感谢海南惠农慈善基金会资助出版本丛书。

本书由贾效成、徐玉芬、于钊妍和刘艳菊统稿汇总整理，并广泛征求相关专家和同行的意见而成。受时间和水平的限制，书中不足之处，真诚地盼望各位读者不吝赐教！

海南油茶高产栽培技术课程实施计划表

总学时：45

目的要求	了解海南油茶产业发展的基本情况、林地选择与整地技术，以及病虫害综合防治技术。重点学习油茶品种配置、栽植技术、抚育管理、低产油茶林改造，以及果实采收与贮存技术					
题目名称	教学内容	学时分配			目的要求	实施方法、器材保障
		面授	实习	自习		
油茶概况	1. 油茶的基本概况 2. 主要油茶品种的生物学特性及生长 3. 山柚的历史渊源 4. 海南油茶产业发展现状及存在的问题 5. 海南油茶产业发展潜力	2	0	2	了解油茶的基本情况以及主要油茶品种的特点；了解海南油茶产业发展的基本情况以及海南省不同优良母树种的特点	以面授和自学为主
油茶栽培管理技术	1. 林地与社会环境调查 2. 土壤选择 3. 林地规划 4. 土地整理 5. 花期和授粉亲和性 6. 品种选择和配置原则 7. 配置方法 8. 良种调配与苗木选择 9. 挖穴、施基肥、覆土与培土 10. 种植与补植 11. 水肥管理技术 12. 土壤管理技术 13. 控草技术 14. 油茶整形修剪技术 15. 复合经营技术	13	8	3	了解林地规划设计和土地整理的相关技术要点；了解并掌握油茶品种配置技术要点；掌握油茶栽植技术要点和注意事项；重点掌握不同林龄油茶林的水肥管理以及油茶树体管理的技术要点	以面授为主，尽可能结合实际开展教学或参观

续表

题目名称	教学内容	学时分配			目的要求	实施方法、器材保障
		面授	实习	自习		
低产油茶林改造技术	1. 树体改造技术 2. 土壤改造技术 3. 保花保果技术	4	2	1	了解并掌握油茶低产林改造的主要技术手段	以面授为主，尽可能结合实际开展教学或参观
病虫害综合防治技术	1. 病虫害种类 2. 主要病害防治技术 3. 主要虫害防治技术	2	2	1	了解主要病虫害的特点及其防治措施	以面授为主，尽可能结合实际开展教学或参观
果实采收与贮存	1. 鲜果采收 2. 脱蒲及干燥 3. 油茶籽的贮藏	2	2	1	了解并掌握不同脱蒲方式的特点及不同用途的油茶籽贮藏的要点	以面授为主，尽可能结合实际开展教学或参观